微生物学实验指导

吕美云　主编

刘紫英　罗莉萍　朱智勇　副主编

化学工业出版社

·北京·

微生物学是生命科学及相关专业的一门重要的基础课程，实验教学不仅仅是为了验证理论课的知识，更重要的是培养学生的创新能力，提高学生动手能力和独立分析问题、解决问题的能力。本书是以多年的教学实践为基础，结合地方院校应用型转型发展人才培养目标，共设 32 个实验项目，分为基础性实验和综合应用性实验两部分。其中，基础性实验 15 个，综合应用性实验 17 个。

　　本书适合高等院校生物类、农学类、环境科学、食品科学以及药学类各专业学生学习使用，也可供相关专业的科技人员查阅、参考。

图书在版编目（CIP）数据

　　微生物学实验指导/吕美云主编. —北京：化学工业出版社，2017.3（2021.2重印）
　　ISBN 978-7-122-28981-0

　　Ⅰ.①微… Ⅱ.①吕… Ⅲ.①微生物学-实验-高等学校-教学参考资料 Ⅳ.①Q93-33

　　中国版本图书馆 CIP 数据核字（2017）第 019474 号

责任编辑：徐一丹　江百宁　　　　　　　　　　　　文字编辑：徐祥深
责任校对：边　涛　　　　　　　　　　　　　　　　装帧设计：关　飞

出版发行：化学工业出版社（北京市东城区青年湖南街 13 号　邮政编码 100011）
印　　装：北京虎彩文化传播有限公司
787mm×1092mm　1/16　印张 8½　字数 190 千字　2021 年 2 月北京第 1 版第 3 次印刷

购书咨询：010-64518888　　　　　　　　售后服务：010-64518899
网　　址：http://www.cip.com.cn
凡购买本书，如有缺损质量问题，本社销售中心负责调换。

定　　价：28.00 元

《微生物学实验指导》编写人员名单

主　　编　吕美云

副主编　刘紫英　罗莉萍　朱智勇

编　　者（以姓氏笔画为序）

王瑞君　刘紫英　吕美云　孙万里

朱智勇　冷桂华　罗莉萍　谢　妤

熊曼萍

前　言

　　《微生物学实验指导》是以微生物学等理论知识为基础，主要介绍微生物学相关的实验知识及实验技法，同时还介绍与食品、医药相关的微生物实验技术。全书共设 32 个实验项目，分为基础性实验和综合应用性实验两部分。其中，基础性实验的内容包含经典的微生物实验项目，内容有微生物形态观察、微生物染色、微生物的测微技术、微生物生理生化、细菌生长曲线的测定等，此部分主要注重学生基础理论、基本知识和基本技能的训练；通过插入图示，使学生更易掌握实验技能的要点，也可增强教学效果的直观性；通过思考题提高学生解决问题的能力。而综合应用性实验则是在学生掌握微生物学基本实验技能的基础上，结合食品、工业、农业、药品生产及医学工作实际，编写的系列实验，如食品中大肠菌群的测定、产蛋白酶枯草芽孢杆菌的筛选、液体发酵法生产链霉素、活性酸奶制作及其乳酸菌的检验等。另外，每个实验中均设计有注意事项专栏，以提示学生要特别注意的操作步骤和注意思考的问题，提高学生实验成功率。

　　本书主要特点是：第一，基础性实验注重学生"三基"（基础理论、基本知识和基本技能）训练；第二，综合应用性实验是以"项目"为基础，将一个个孤立、不连贯的实验串连起来，有助于使学生全面掌握课程的知识体系，可以培养学生的操作技能和分析问题、解决问题的能力及严谨的科学态度；第三，本书考虑到地方院校的培养目标，实验内容强调实用性和操作性，适应生物工程、制药工程、药学、食品质量安全与检测、农学等不同专业本科生的微生物实验教学。

　　书后附录中还给出了常用培养基的配制、常用染色液及试剂的制备等内容，便于读者在实验过程中查阅。

　　本书的编写者均为多年从事微生物实验课程和相关课程的教师，具体分工如下：实验一、实验十五、实验二十～实验二十二、实验二十六由吕美云执笔，实验二～实验六、实验十八由刘紫英执笔，实验七～实验十一由王瑞君执笔，实验十二～实验十四由朱智勇执笔，实验十六、实验十七由谢好执笔，实验十九、实验二十三～实验二十五由孙万里执笔，实验二十七、实验二十八由罗莉萍执笔，实验二十九、实验三十由熊曼萍执笔，实验三十一、实验三十二由冷桂华执笔。

　　本书适合高等院校生物类、农学类、环境科学类、食品科学类以及药学类各专业学生学习使用，也可供相关专业科技人员查阅、参考。

　　由于编者水平有限，书中难免有错误和不足之处，恳请有关专家、老师和同学指正。

编者

2016.9

目 录

附录/ 109

微生物学实验守则

　　微生物学实验是微生物学的重要组成部分，也是学习微生物学的一个重要环节。通过实验课的教学，可以加深和巩固对课堂讲授内容的理解。课程的主要目的是使学生掌握微生物学实验的基本操作技能；学会实验结果的记录与分析方法；培养学生分析问题、解决问题的能力和实际动手能力；养成科学、严谨、实事求是的学风；培养学生团结协作的精神。

　　在上好微生物学实验课，提高教学效果的同时，如何安全高效利用微生物学实验室，须做好以下 5 方面工作。

1. 准备工作

　　① 每次上课前，必须认真阅读实验指导，明确本次实验的目的要求、实验原理和注意事项，熟悉实验内容、方法和步骤，做到心中有数，避免发生错误，提高实验效率。

　　② 实验前，要认真检查所用仪器、药品是否完好、齐备，如有缺损应及时向教师报告，自己不得随意调换标本、仪器等。没有得到教师的允许，不能动用实验室其他非本次实验所用的仪器设备。

　　③ 进入实验室必须穿工作服，必要时还须戴口罩和手套，并做好实验前的各项准备工作。

2. 实验室行为规范

　　① 实验时要遵守纪律。有问题时举手提问，严禁彼此谈笑喧哗，严禁在实验室吸烟、饮水、进食和会客。特别要强调手机的问题，进入实验室后，应要求手机关机，避免操作过程中接听手机而造成微生物污染。

　　② 实验中要认真观察，及时做好实验记录。如有损坏器材应立即报告，并主动登记、说明情况。

　　③ 做出的实验样品、结果，应做好标记，注明样品名称、时间、有效期、有无危险性等。标记不要用钢笔或圆珠笔，以免浸泡或长时间保存时会褪色。要经过高压消毒或蒸汽消毒的标签，应用深蓝色铅笔书写，不可用毛笔或水笔书写，以免消毒后模糊不清。

　　④ 实验操作应严格按操作规程进行，如有带菌物品洒漏、皮肤破损或菌液吸入口中等意外情况发生时，应立即报告指导教师，及时处理，切勿隐瞒。

3. 防火、防电

　　① 实验过程中，切勿使乙醚、丙酮、酒精等易燃药品接近火源，如遇火险，应先关闭电源，再用湿布或沙土掩盖灭火。必要时用灭火器。

　　② 不要用一个酒精灯去引燃另一个酒精灯。在实验过程中，在用到电或明火时要

谨慎行事，用完电后应立即关闭开关并拔掉电源。如果发现有漏电等现象应立即报告老师。

4. 实验记录与报告

每项实验操作及观察到的结果，均应详细记录，并按要求做好实验报告。实验过程中出现的问题要登记在实验室日志上，每次实验课结束后，由本班学习委员在日志上签字。

5. 收尾工作

① 实验结束后，应清理实验台面；具有强腐蚀性、强毒性的废液，应倒在废物缸内，不能倒在水槽中。

② 认真清理好仪器、药品及其他用品，放回原处。

③ 每位做实验同学，每次实验结束后，用肥皂、清水洗净双手，方可离开实验室。

④ 值日生要负责清扫地面，收拾实验用品。

⑤ 值日生离开实验室前，应对窗户、自来水开关、电源开关进行检查，确认已关好。特别是在停水的情况下，更要关好水龙头。离开时应锁门。

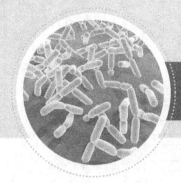

第一篇　基础性实验

实验一　显微镜油浸系物镜的使用

一、目的与要求

① 学习并掌握油镜的原理、使用方法和保护方法。

② 巩固光学显微镜的结构、各部分的功能和使用方法。

二、基本原理

现代普通光学显微镜利用目镜和物镜两组透镜系统来放大成像，故又称之为复式显微镜。光学显微镜主要由三部分组成：机械部分、光学部分和照明部分（见图 1-1）。光学部分目镜、物镜，它使检视物放大，生成物象。机械部分有镜座、镜臂、物镜转换器、载物台、标本左右转移尺、粗准焦螺旋、细准焦螺旋等部件，它起着支持、调节、固定等作用。照明部分有底光源、聚光器、可变光阑等，它集聚光线并使光线调至适宜的程度。

微生物特征之一是个体体积微小，在普通光学显微镜的物镜中，油镜物镜因其放大倍数最大（100×），故常用于微生物的形态观察和研究。油镜与其他物镜不同的是载玻片与物镜之间，不是隔一层空气，而是隔一层油质，常用香柏油，故称为油浸系物镜。油浸系物镜是借助油的折射率来发挥如下作用。

1. 提高视野的亮度

油镜的透镜很小，所以通光量小；光线通过不同密度的介质物体（玻片→空气→透镜）时，部分光线会发生折射而散失，进入镜筒的光线少，视野较暗，物体观察不清。所以要在透镜与玻片之间滴加和玻璃折射率（$n=1.52$）相近的香柏油（$n=1.515$）或者折射率相近的其他介质，使进入油镜的光线增多（图 1-2），视野亮度增强，物象清晰。

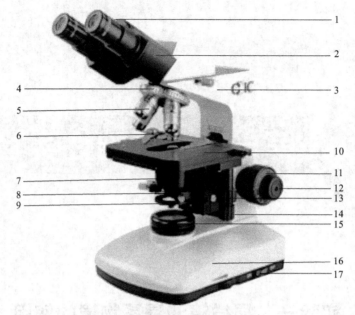

图 1-1 普通光学显微镜结构图

1—目镜；2—镜筒；3—镜臂；4—物镜转换器；5—物镜；6—玻片夹；7—聚光器；8—可变光阑；

9—滤光片；10—载物台；11—粗准焦螺旋；12—细准焦螺旋；13—载物台纵向移动手轮；

14—载物台横向移动手轮；15—光源；16—镜座；17—电源开关

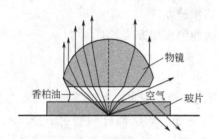

图 1-2 介质为香柏油（左）和
介质为空气（右）的光线通路

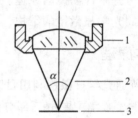

图 1-3 物镜的镜口角

1—物镜；2—镜口角；3—标本

2. 增加显微镜的分辨率

显微镜的分辨率是指显微镜能辨别两点之间的最小距离（D）的能力，一台显微镜 D 值越小其分辨率越高，可表示为

$$D = \lambda / 2NA \tag{1-1}$$

式中，λ 为光波波长；NA 为物镜的数值孔径值。

光学显微镜的光源不可能超出可见光的波长范围（$0.4 \sim 0.7nm$），因此提高分辨率的最好方法是增加数值孔径。而数值孔径值则取决于物镜的镜口角和玻片与镜头间介质的折射率，可表示为

$$NA = n \times \sin \frac{\alpha}{2} \tag{1-2}$$

式中，α 为镜口角；n 为玻片与物镜间介质的折射率（图 1-3）。

由于香柏油的折射率（1.515）比空气及水的折射率（分别为 1.0 和 1.33）要高，因此在同样入射角情况下，以香柏油作为镜头与玻片之间介质的油镜所能达到的数值孔径值（*NA* 一般在 1.2～1.4），高于低倍镜、高倍镜等干镜（*NA* 都低于 1.0），从而提高分辨能力。

三、实验材料与用具

① 菌种：大肠杆菌（*Escherichia coli*）、枯草芽孢杆菌（*Bacillus subtilis*）、细菌三型等染色装片。

② 试剂：香柏油、二甲苯等。

③ 仪器及用具：显微镜、擦镜纸等。

四、实验步骤

1. 观察前的准备

① 打开镜箱，右手握住镜臂，左手托住底座，使显微镜保持直立、平稳，切忌单手拎提。将显微镜置于平稳的实验台上，镜座距实验台边沿约为 4cm。坐正。

② 调节光源：将低倍物镜对准通光孔，把光圈完全打开，聚光器升至与载物台相距约 1mm 左右，若内置光源，可通过调节安装在镜座内的亮度旋钮以获得适当的照明亮度；若外置光源，则转动反光镜采集光源，光线较强的天然光源宜用平面镜，光线较弱的天然光源或人工光源宜用凹面镜，对光至视野内均匀明亮为止。观察染色装片时，光线宜强；观察未染色装片时，光线不宜太强。应避免直射的太阳光，造成对观察者眼睛的伤害。

2. 低倍镜观察

① 把所要观察的载玻片放到载物台上，用压片夹压住，标本要正对通光孔。

② 转动粗准焦螺旋，使镜筒缓缓下降，直到物镜接近载玻片。眼睛看着物镜以免物镜碰到玻片标本。两眼从目镜观察，转动粗准焦螺旋使物镜逐渐上升（或使载物台下降）至发现物像时，改用细准焦螺旋调节到物像清楚为止。移动载玻片，把合适的观察部位移至视野中心。

3. 高倍镜观察

眼睛离开目镜从侧面观察，旋转转换器，将高倍镜转至正下方，注意避免镜头与玻片相撞。再由目镜观察，仔细调节光圈，使光线的明亮度适宜。用细准焦螺旋校正焦距至物像清晰为止。将最适宜观察部位移至视野中心，绘图。不要移动装片位置，准备用油镜观察。

4. 油镜观察

① 提起镜筒约 2cm，将油镜转至正下方。在玻片标本的镜检部位（镜头的正下方）滴一滴香柏油。

② 从侧面注视，小心慢慢降下镜筒，使油镜浸在油中至油圈不扩大为止，镜头几乎与装片接触，但不可压及装片，以免压碎玻片，损坏镜头。

③ 将光线调亮，从目镜观察，用粗准焦螺旋将镜筒徐徐上升（切忌反方向旋转），

当视野中有物像出现时，再用细准焦螺旋校正焦距。如因镜头下降未到位或镜头上升太快未找到物像，必须再从侧面观察，将油镜降下，重复操作直至物像看清为止。仔细观察并绘图。

④ 再次观察：提起镜筒，换上另一染色装片，依次用低倍镜、高倍镜和油镜观察，绘图。重复观察时可比第一次少加香柏油。

5. 镜检完毕后的工作

① 移开物镜镜头。

② 取出装片。

③ 清洁油镜。油镜使用完毕后，须用擦镜纸擦去镜头上的香柏油，再用擦镜纸沾少许二甲苯擦掉残留的香柏油，最后再用干净的擦镜纸擦干残留的二甲苯（注意向一个方向擦拭）。

④ 擦净显微镜，将各部分还原。将接物镜呈"八"字形降下，不可使物镜正对聚光器，同时降下聚光器，转动反光镜使其镜面垂直于镜座。最后套上镜罩，对号放入镜箱中，置阴凉干燥处存放。

五、注意事项

① 避免将高倍镜错认为油镜。油镜的识别：油镜头上都有标记；标有100×；镜头前端有黑、白或红色的圆圈；刻有"III"或Oil等；其入光孔径也较其他物镜小。

② 观察标本时，必须依次用低、中、高倍镜，最后用油镜。在低倍镜下找到观察目标，中、高倍镜下逐步放大，将待观察部位置于视野中央，调节光源和可变光阑，使通过聚光器的光亮达到最大。当目视接目镜时，特别在使用油镜时，切不可调节粗准焦螺旋，以免压碎玻片或损伤镜面。

③ 油镜使用中浸油与调焦是关键步骤，要求学生眼睛从侧面观察，将油镜浸入油中适当深度，然后反方向粗调使镜头与玻片稍稍拉开（但不要离开油滴），一有模糊物象即改为细调调至物象清晰。一次不行，反复几次就能调好焦距，切不可急躁。切不可将高倍镜转动经过加有香柏油的区域。

④ 忘记脱油或脱油方法错误：油镜头使用后应立即用二甲苯对镜头进行脱油，正确的方法是先用擦镜纸擦去香柏油，再用擦镜纸蘸少许二甲苯沿镜头直径方向轻轻擦拭镜头（不能来回擦，也不能绕圆周擦，注意不能用已擦过镜头的脏面再擦镜头），然后用干净的擦镜纸擦去镜头上残存的二甲苯（防止二甲苯损伤油镜头）。

六、实验报告

根据观察结果，绘制大肠杆菌、枯草芽孢杆菌及细菌三型微生物的形态，并注明放大倍数。

七、思考题

① 用油镜观察时应注意哪些问题？在载玻片和镜头之间加滴什么油？起什么作用？

② 试列表比较低倍镜、高倍镜及油镜各方面的差异。为什么在使用高倍镜及油镜时应特别注意避免粗准焦螺旋的误操作？

实验二　细菌的简单染色法

一、目的与要求

① 理解微生物涂片、染色的基本原理，掌握细菌的简单染色法。

② 初步认识细菌的形态特征，巩固学习油镜的使用方法和无菌操作技术。

二、基本原理

细菌的涂片和染色是微生物学实验中的一项基本技术。细菌的细胞小而透明，在普通的光学显微镜下不易识别，必须对它们进行染色。利用单一染料对细菌进行染色，使经染色后的菌体与背景形成明显的色差，从而能更清楚地观察到其形态和结构。此法操作简便，适用于菌体一般形状和细菌排列的观察。

常用碱性染料进行简单染色，这是因为在中性、碱性或弱酸性溶液中，细菌细胞通常带负电荷，而碱性染料在电离时，其分子的染色部分带正电荷，因此碱性染料的染色部分很容易与细菌结合使细菌着色。经染色后的细菌细胞与背景形成鲜明的对比，在显微镜下更易于识别。常用作简单染色的染料有美蓝、结晶紫、碱性复红等。

当细菌分解糖类产酸使培养基 pH 值下降时，细菌所带正电荷增加，此时可用伊红、酸性复红或刚果红等酸性染料染色。

染色前必须固定细菌。其目的有二：一是杀死细菌并使菌体粘附于玻片上；二是增加其对染料的亲和力。常用的有加热和化学固定两种方法。固定时尽量维持细胞原有的形态。

三、实验材料与用具

① 菌种：大肠杆菌（*Escherichia coli*）24h 琼脂斜面、金黄色葡萄球菌（*Staphylococcus aureus*）24h 琼脂斜面。

② 染色剂：吕氏碱性美蓝染液（或草酸铵结晶紫染液）、石炭酸复红染液。

③ 仪器及用具：显微镜、酒精灯、废液缸、洗瓶、载玻片、接种环、玻片搁架、双层瓶（内装香柏油和二甲苯）、擦镜纸、吸水纸、滴瓶等。

四、实验步骤

1. 涂片

取两块洁净无油的载玻片，在无菌的条件下各滴一小滴生理盐水（或蒸馏水）于玻片中央，用接种环以无菌操作，分别从金黄色葡萄球菌和大肠杆菌斜面上挑取少许菌苔于水滴中，混匀并涂成薄膜。若用菌悬液（或液体培养物）涂片，可用接种环挑取 2～3 环直接涂于载玻片上。

注意：制片是染色的关键，载玻片要干净无油迹，菌体才能涂布均匀；滴生理盐水和取菌不宜过多；涂片要涂抹均匀，不宜过厚。无菌操作时注意：①无菌操作的试管，于开塞和塞口之前口部应通过酒精灯火焰二三次，以烧去可能附着于管口的微生物；②开口后的管口，应尽量靠近酒精灯火焰，试管应尽量放平，切忌管口向上及长时间暴露在空气中，以防污染；③接种环于每次接种使用前后，均应在火焰上的外焰灼烧灭菌（见图 2-1），接种前，必须待接种环冷却后，才能使用。

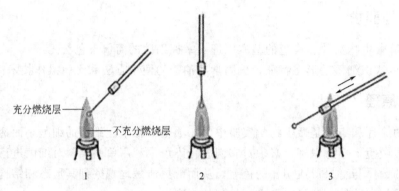

图 2-1　接种环的灼烧灭菌

2. 干燥

室温自然干燥。也可以将涂面朝上在酒精灯上方稍微加热，使其干燥。但切勿离火焰太近，因温度太高会破坏菌体形态。

3. 固定

如用加热干燥，固定与干燥合为一步，方法同干燥。

4. 染色

将玻片平放于废液缸上的玻片搁架上，滴加染液 1～2 滴于涂片上（染液刚好覆盖涂片薄膜为宜）。吕氏碱性美蓝染色 1～2min，石炭酸复红（或草酸铵结晶紫）染色约 1min。

5. 水洗

倾去染液，用自来水从载玻片一端轻轻冲洗，直至从涂片上流下的水无色为止。水洗时，不要水流直接冲洗涂面。水流不宜过急、过大，以免涂片薄膜脱落。

6. 干燥

甩去玻片上的水珠自然干燥、电吹风吹干或用吸水纸吸干均可以（注意勿擦去菌体）。

7. 镜检

涂片干燥后镜检。涂片必须完全干燥后才能用油镜观察。

五、注意事项

① 涂片时取菌量要适宜且要涂抹均匀，避免贪多造成菌体堆积而难以看清细胞个体形态。同时也应避免取菌量太少而难以在显微镜视野中找到细胞。

② 无菌操作取菌时一定要等接种环冷却后再取菌，以免高温使菌体变形。

③ 必须等涂片干燥后加热固定，避免加热时间过长，否则细胞会破裂或变形。

六、实验报告

绘制简单染色后观察到的大肠杆菌和金黄色葡萄球菌的形态图。

七、思考题

① 你认为制备细菌染色标本时，尤其应该注意哪些环节？
② 为什么要求涂片完全干燥后才能用油镜观察？

实验三　细菌的革兰氏染色法

一、目的与要求

① 学习并初步掌握革兰氏染色法。

② 了解革兰氏染色法的原理及其在细菌分类鉴定中的重要性。

二、基本原理

革兰氏染色法是 1884 年由丹麦病理学家 Christain Gram 创立的，而后一些学者在此基础上作了某些改进。革兰氏染色法是细菌学中最重要的鉴别染色法。

革兰氏染色法的基本步骤是：先用初染剂结晶紫进行染色，再用碘液媒染，然后用乙醇（或丙酮）脱色，最后用复染剂（如番红）复染。经此方法染色后，细胞保留初染剂蓝紫色的细菌为革兰氏阳性菌；如果细胞中初染剂被脱色剂洗脱而使细菌染上复染剂的颜色（红色），该菌属于革兰氏阴性菌。

革兰氏染色法将细菌分为革兰氏阳性和革兰氏阴性，是由这两类细菌细胞壁的结构和组成不同决定的。实际上，当用结晶紫初染后，像简单染色法一样，所有细菌都被染成初染剂的蓝紫色。碘作为媒染剂，它能与结晶紫结合成结晶紫-碘的复合物，从而增强了染料与细菌的结合力。当用脱色剂处理时，两类细菌的脱色效果是不同的。革兰氏阳性细菌的细胞壁主要由肽聚糖形成的网状结构组成，壁厚、类脂质含量低，用乙醇（或丙酮）脱色时细胞壁脱水，使肽聚糖层的网状结构孔径缩小，透性降低，从而使结晶紫-碘的复合物不易被洗脱而保留在细胞内，经脱色和复染后仍保留初染剂的蓝紫色。革兰氏阴性菌则不同，由于其细胞壁肽聚糖层较薄、类脂含量高，所以当脱色处理时，类脂质被乙醇（或丙酮）溶解，细胞壁透性增大，使结晶紫-碘的复合物比较容易被洗脱出来，用复染剂复染后，细胞被染上复染剂的红色（见图 3-1）。

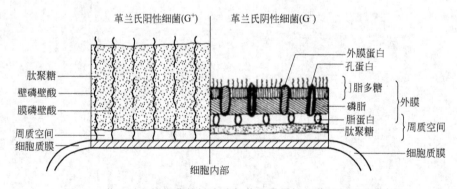

图 3-1　革兰氏阳性细菌的细胞壁与革兰氏阴性细菌的细胞壁结构

革兰氏染色反应是细菌重要的鉴别特征，为保证染色结果的正确性，采用规范的染色方法是十分必要的。本实验将介绍被普遍采用的 Hucker 氏改良的革兰氏染色法。

三、实验材料与用具

① 菌种：大肠杆菌（*Escherichia coli*）24h 牛肉膏蛋白胨琼脂斜面、金黄色葡萄球菌（*Staphylococcus aureus*）24h 牛肉膏蛋白胨琼脂斜面、枯草芽孢杆菌（*Bacillus subtilis*）12～18h 牛肉膏蛋白胨琼脂斜面。

② 染色剂：革兰氏染色液（草酸铵结晶紫染液、卢戈氏碘液、95％乙醇溶液、番红复染溶液等）。

③ 仪器及用具：显微镜、酒精灯、接种环、无菌水、香柏油、二甲苯、载玻片、擦镜纸、镊子、染色缸、打火机等。

四、实验步骤

1. 制片

取菌种培养物常规涂片、干燥、固定，方法与细菌简单染色法相同。

2. 初染

滴加结晶紫（以刚好将菌膜覆盖为宜）染色 1～2min，水洗。

3. 媒染

用碘液冲去残水，并用碘液覆盖约 1min，水洗。

4. 脱色

用滤纸吸去玻片上的残水，将玻片倾斜，在白色背景下，用滴管滴加 95％的乙醇脱色，直至流出的乙醇无紫色时（20～30s），立即水洗。

5. 复染

用番红液复染约 2min，水洗。

6. 镜检

干燥后，用油镜观察。

菌体被染成蓝紫色的是革兰氏阳性菌，被染成红色的是革兰氏阴性菌。

7. 混合涂片染色

按上述方法，在同一载玻片上，以大肠杆菌和枯草芽孢杆菌或大肠杆菌和金黄色葡萄球菌做混合涂片，染色、镜检进行比较。

五、注意事项

① 要用活跃生长期的培养物作革兰氏染色；涂片不宜过厚，以免脱色不完全造成假阳性；火焰固定不宜过热（以玻片不烫手为宜）。

② 革兰氏染色结果是否正确，乙醇脱色是革兰氏染色操作的关键环节。脱色不足，阴性菌被误染成阳性菌；脱色过度，阳性菌被误染成阴性菌。脱色时间一般 20～30s。

六、实验报告

① 列表简述 3 株细菌的染色观察结果，说明各种菌的形状、颜色和革兰氏染色反应。

② 根据实验体会，你认为制备染色标本时，应注意哪些事项？

七、思考题

① 你认为哪些环节会影响革兰氏染色结果的正确性？其中最关键的环节是什么？

② 现有一株细菌宽度明显大于大肠杆菌的粗壮杆菌，请你鉴定其革兰氏染色反应。你怎样运用大肠杆菌和金黄色葡萄球菌为对照菌株进行涂片染色，以证明你的染色结果正确性。你的染色结果是否正确？如果不正确，请说明原因。

③ 进行革兰氏染色时，为什么特别强调菌龄不能太老，用老龄细菌染色会出现什么问题？

④ 革兰氏染色时，初染前能加碘液吗？乙醇脱色后复染之前，革兰氏阳性菌和革兰氏阴性菌应分别是什么颜色？

⑤ 做革兰氏染色涂片为什么不能过于浓厚？其染色成败的关键一步是什么？

实验四　细菌的特殊染色

一、目的与要求

① 学习并掌握细菌芽孢染色法、荚膜染色法、鞭毛染色。

② 学习并了解压滴法和悬滴法观察细菌的运动性。

二、基本原理

细菌的芽孢壁较细胞壁厚而致密，透性低，不易着色，也不易脱色，若用一般染色法只能使菌体着色而芽孢不着色，芽孢呈无色透明状。芽孢染色法就是基于细菌的芽孢和菌体对染料的亲和力不同，用不同的染料进行着色，使芽孢和菌体呈现不同的颜色而加以区别。所有的芽孢染色法都基于同一个原则：除了用着色力强的染料外，还需要加热，以促进芽孢着色。当芽孢着色时，菌体也会着色，然后水洗，芽孢染上的颜色难以渗出，而菌体会脱色。再用对比度强的染料对菌体复染，使菌体和芽孢呈现出不同的颜色，形成鲜明的对照，便于观察。

荚膜是包在细菌细胞壁外面的一层黏胶状或胶质状物质，成分为多糖、糖蛋白或多肽，与染料间的亲和力弱，不易着色，故通常采用负染色法染荚膜，即设法使菌体和背景着色而荚膜不着色，从而使荚膜在菌体周围呈一浅色或无色的透明圈。由于荚膜的含水量在90%以上，故染色时一般不加热固定，以免荚膜皱缩变形，影响观察结果。

细菌的鞭毛极细，直径一般为 $10\sim20nm$，超过了普通光学显微镜的分辨力，只有用电子显微镜才能观察到。但是，如采用特殊的染色法，将鞭毛直径加粗，则在普通光学显微镜下也能看到它。鞭毛染色的方法很多，但其基本原理相同，即在染色前先用媒染剂处理，让它沉积在鞭毛上，使鞭毛直径加粗，然后再进行染色。常用的媒染剂由丹宁酸和氯化高铁或钾明矾等配制而成。

细菌是否具有鞭毛是细菌分类鉴定的重要特征之一。采用鞭毛染色法虽能观察到鞭毛的形态、着生位置和数目，但此法既费时又麻烦。如果只需查清供试菌是否有鞭毛，可采用悬滴法或水封片法即压滴法，直接在光学显微镜下检查活细菌是否具有运动能力，以此来判断细菌是否有鞭毛，此法较快速、简便。悬滴法是将菌液滴加在洁净的盖玻片中央，在其周边涂上凡士林，然后将它倒盖在有凹槽的载玻片中央，即可放置在普通光学显微镜下观察。水封片法是将菌液滴在普通的载玻片上，然后盖上盖玻片，置显微镜下观察。细菌依赖鞭毛的运动方式，与鞭毛的排列形式和数目有关，但根据细菌的运动方式，对鞭毛的数目和排列方式只能作大致判断。单毛菌和丛毛菌多做直线运动，周毛菌多做翻转运动。依赖鞭毛的运动称为真性运动。无鞭毛细菌做左右颤动而不改变其位置，这种运动称为非真性运动，亦称布朗运动。

三、实验材料与用具

① 菌种：苏云金芽孢杆菌（*Bacillus thuringiensis*）或者枯草杆菌（*Bacillus sub-*

tilis）36h 琼脂斜面、胶质芽孢杆菌（*Bacillus mucilaginosus*，俗称"钾细菌"）培养3～5d（该菌在甘露醇作碳源的培养基上生长时，荚膜丰厚）、水稻黄单胞菌（*Xanthomonas oryzae*）、黏质赛氏杆菌（*Serratia marcescens*）或荧光假单胞菌（*Pseudomonas fluorescens*）12～16h 琼脂斜面、枯草杆菌（*Bacillus subtilis*）12～16h 琼脂斜面、金黄色葡萄球菌（*Staphylococcus aureus*）以及荧光假单胞菌（*Pseudomonas Fluorescens*）12～16h 琼脂斜面。

② 染色液和试剂：5％孔雀绿水溶液、0.5％番红水溶液、用滤纸过滤后的绘图墨水、复红染色液、黑素、6％葡萄糖水溶液、1％甲基紫水溶液、甲醇、硝酸银染色液、A 液（鞣酸 5g，FeCl$_3$ 1.5g，蒸馏水 100mL，溶解后加 1％ NaOH 溶液 1mL 和 15％甲醛溶液 2mL）、B 液（硝酸银 2g，蒸馏水 100mL）、Leifson 染色液、香柏油、二甲苯、重铬酸钾、浓硫酸、乙醇。

③ 仪器及用具：小试管（75mm×10mm）、烧杯（300mL）、载玻片、凹载玻片、盖玻片、滴管、废液缸、玻片搁架、接种环、擦镜纸、吸水纸、镊子、记号笔、洗瓶、凡士林、无菌水、水浴锅、生物显微镜等。

四、实验步骤

1. 细菌芽孢染色

（1）改良的 Schaeffer 和 Fulton 氏染色法

① 制备菌液：加 1～2 滴无菌水于小试管中，用接种环从斜面上挑取 2～3 环菌体于试管中并充分打匀，制成浓稠的菌液。思考：为什么要制成浓稠的菌液？

② 加染色液：加 5％孔雀绿水溶液 2～3 滴于小试管中，用接种环搅拌使染料与菌液充分混合。

③ 加热：将此试管浸于沸水浴，加热 15～20min。

④ 涂片：用接种环从试管底部挑数环菌液于洁净的载玻片上，做成涂面，晾干。

⑤ 固定：将涂片通过酒精灯火焰 3 次。

⑥ 脱色：用水洗直至流出的水中无孔雀绿颜色为止。

⑦ 复染：加番红水溶液染色 5min 后，倾去染色液，不用水洗，直接用吸水纸吸干。

⑧ 镜检：先低倍，再高倍，最后用油镜观察。

结果：芽孢呈绿色，芽孢囊和菌体为红色。

（2）Schaeffer 与 Fulton 氏染色法

① 涂片：按常规方法将待检细菌制成一薄的涂片。

② 晾干固定：待涂片晾干后在酒精灯火焰上通过 2～3 次。

③ 染色。a. 染色液：加 5％孔雀绿水溶液于涂片处（染料以铺满涂片为度），然后将涂片放在铜板上，用酒精灯火焰加热至染液冒蒸汽时开始计算时间，维持 15～20min。加热过程中要随时添加染色液，切勿让标本干涸。注意加热时温度不可太高。b. 水洗：待玻片冷却后，用水轻轻地冲洗，直至流出的水中无染色液为止。c. 复染：用番红液染色 5min。d. 水洗、晾干或吸干。e. 镜检：先低倍、再高倍，最后在油镜下观察芽孢和菌体的形态。

结果：芽孢呈绿色，菌体为红色。

2. 细菌荚膜染色

细菌荚膜染色方法很多，其中以湿墨水方法较简便，并且适用于各种有荚膜的细菌。如用相差显微镜检查则效果更佳。

（1）负染色法

① 制片：取洁净的载玻片一块，加蒸馏水一滴，取 2～3 环菌体放入水滴中混匀并涂布。

② 干燥：将涂片放在空气中晾干或用电吹风冷风吹干。思考为什么不能在火焰上方烘干。

③ 染色：在涂面上加复红染色液染色 2～3min。

④ 水洗：用水洗去复红染液。

⑤ 干燥：将染色片放空气中晾干或用电吹风冷风吹干。

⑥ 涂黑素：在染色涂面左边加一小滴黑素，用一边缘光滑的载玻片轻轻接触黑素，使黑素沿玻片边缘散开，然后向右一拖，使黑素在染色涂面上成为一薄层，并迅速风干。

⑦ 镜检：先低倍镜，再高倍镜观察。

结果：背景灰色，菌体红色，荚膜无色透明。

（2）湿墨水法

① 制菌液：加 1 滴墨水于洁净的载玻片上，挑 2～3 环菌体与其充分混合均匀。

② 加盖玻片：放一清洁盖玻片于混合液上，然后在盖玻片上放一张滤纸，向下轻压，吸去多余的菌液。

注意加盖玻片时勿留气泡，以免影响观察。

③ 镜检：先用低倍镜、再用高倍镜观察。

结果，背景灰色，菌体较暗，在其周围呈现一明亮的透明圈即为荚膜。

（3）干墨水法

① 制菌液：加 1 滴 6％葡萄糖液于洁净载玻片一端，挑 2～3 环胶质芽孢杆菌，与葡萄糖液充分混合，再加 1 滴墨水，充分混匀。思考为什么加 6％葡萄糖液？

② 制片：左手执玻片，右手另拿一边缘光滑的载玻片，将载玻片的一边与菌液接触，使菌液沿玻片接触处散开，然后以 30°角，迅速而均匀地将菌液拉向玻片的一端，使菌液铺成一薄膜。

③ 干燥：空气中自然干燥。

④ 固定：用甲醇浸没涂片，固定 1min，立即倾去甲醇。

⑤ 干燥：在酒精灯上方，用文火干燥。

⑥ 染色：用甲基紫染 1～2min。

⑦ 水洗：用自来水轻洗，自然干燥。

⑧ 镜检：先用低倍镜观察，再用高倍镜观察。

结果：背景灰色，菌体紫色，荚膜呈一清晰透明圈。

3. 细菌鞭毛染色

（1）镀银法染色

① 清洗玻片。选择光滑无裂痕的玻片，最好选用新的。为了避免玻片相互重叠，应将玻片插在专用金属架上，然后将玻片置洗衣粉过滤液中，洗衣粉煮沸后用滤纸过滤，以除去粗颗粒，煮沸 20min。取出稍冷后用自来水冲洗、晾干，再放入浓洗液中浸泡 5～6 天。浓洗液的成分是：重铬酸钾 60g，浓硫酸 460mL，水 300mL。配制方法是：重铬酸钾溶解在温水中，冷却后再徐徐加入浓硫酸。使用前取出玻片，用自来水冲去残酸，再用蒸馏水洗。将水沥干后，放入 95％乙醇中脱水。

② 菌液的制备及制片菌龄较老的细菌容易脱落鞭毛，所以在染色前应将待染细菌在新配制的牛肉膏蛋白胨培养基斜面上连续移接 3～5 代，要求培养基表面湿润，斜面基部含有冷凝水，以增强细菌的运动力。最后一代菌种放恒温箱中培养 12～16h。然后，用接种环挑取斜面与冷凝水交接处的菌液 3～5 环，移至盛有 1～2mL 无菌水的试管中，使菌液呈轻度混浊。将该试管放在 37℃恒温箱中静置 10min。放置时间不宜太长，否则鞭毛会脱落，让幼龄菌的鞭毛松展开。然后，吸取少量菌液滴在洁净玻片的一端，立即将玻片倾斜，使菌液缓慢地流向另一端，用吸水纸吸去多余的菌液。让涂片自然干燥。

用于鞭毛染色的菌体也可用半固体培养基培养。方法是将 0.3～0.4％的牛肉膏琼脂培养基熔化后倒入无菌平皿中，待凝固后，在平板中央点接活化了 3～4 代的细菌，恒温培养 12～16h 后，取扩散菌落边缘的菌体制作涂片。

③ 染色：a. 滴加 A 液，染 4～6min；b. 用蒸馏水充分洗净 A 液；c. 用 B 液冲去残水，再加 B 液于玻片上，在酒精灯火焰上加热至冒气，维持 0.5～1min，加热时应随时补充蒸发掉的染料，不可使玻片出现干涸区；d. 用蒸馏水洗，自然干燥。

④ 镜检：先低倍，再高倍，最后用油镜检查。

结果：菌体呈深褐色，鞭毛呈浅褐色。

（2）改良 Leifson 染色法

① 清洗玻片法同前。

② 配制染料：见附录。染料配好后要过滤 15～20 次后染色效果才好。

③ 菌液的制备及涂片：a. 菌液的制备同前；b. 用记号笔在洁净的玻片上划分 3～4 个相等的区域；c. 放 1 滴菌液于第一个小区的一端，将玻片倾斜，让菌液流向另一端，并用滤纸吸去多余的菌液；d. 在空气中自然干燥。

④ 染色。a. 加染色液于第一区，使染料覆盖涂片。隔数 min 后再将染料加入第二区，依此类推，相隔时间可自行决定，其目的是确定最合适的染色时间，而且节约材料。b. 水洗：在没有倾去染料的情况下，就用蒸馏水轻轻地冲去染料，否则会增加背景的沉淀。c. 干燥：自然干燥。

⑤ 镜检：先低倍观察，再高倍观察，最后再用油镜观察，观察时要多找一些视野，不要指望在 1～2 个视野中就能看到细菌的鞭毛。

结果：菌体和鞭毛均染成红色。

4. 细菌的运动性观察

① 制备菌液：在幼龄菌斜面上，滴加 3～4mL 无菌水，制成轻度混浊的菌悬液。

② 涂凡士林：取洁净无油的盖玻片 1 块，在其四周涂少量的凡士林。

③ 滴加菌液：加 1 滴菌液于盖玻片的中央，并用记号笔在菌液的边缘做一记号，

以便在显微镜观察时，易于寻找菌液的位置。

④ 盖凹玻片：将凹玻片的凹槽对准盖玻片中央的菌液，并轻轻地盖在盖玻片上，使两者粘在一起，然后翻转凹玻片，使菌液正好悬在凹槽的中央，再用铅笔或火柴棒轻轻压盖玻片，使玻片四周边缘闭合，以防菌液干燥。

若制水浸片，在载玻片上滴加一滴菌液，盖上盖玻片后即可置显微镜下观察。

⑤ 镜检：先用低倍镜找到标记，再稍微移动凹玻片即可找到菌滴的边缘，然后将菌液移到视野中央高倍镜观察。由于菌体是透明的，镜检时可适当缩小光圈或降低聚光器以增大反差，便于观察。镜检时要仔细辨别是细菌的运动，还是分子作布朗运动，前者在视野下可见细菌自一处游动至它处，而后者仅在原处左右摆动。细菌的运动速度依菌种不同而异，应仔细观察。

结果：有鞭毛的枯草杆菌和假单胞菌可看到活跃的活动，而无鞭毛的金黄色葡萄球菌不运动。

五、注意事项

① 芽孢染色所用的菌种要把握菌龄，一般培养 18～24h。

② 荚膜染色涂片不要加热固定，以免荚膜皱缩变形。

③ 采用荚膜背景染色加盖玻片时，请注意不要留气泡以免影响观察效果。

六、实验报告

① 绘出所用材料的芽孢和菌体的形态图。

② 绘出胶质芽孢杆菌的荚膜和菌体形态图，并注明各部位的名称。

③ 绘出鞭毛菌的形态图。

④ 绘出所看到的细菌的形态图，并用箭头表示其运动方向。

七、思考题

① 用简单染色法能否观察到细菌的芽孢？

② 若涂片中观察到的只是大量游离芽孢，很少看到芽孢囊及营养细胞，这是什么原因？

③ 通过荚膜染色法染色后，为什么被包在荚膜里的菌体着色而荚膜不着色？

④ 用鞭毛染色法准确鉴定一株细菌是否具有鞭毛，要注意哪些环节？

⑤ 悬滴法中，为什么要涂凡士林？为什么加的菌液不能太多？如果发现显微镜视野内大量细菌向一个方向流动，你认为是什么原因造成的？

实验五　真菌形态的观察

一、目的与要求

① 观察并描述出酵母菌、真菌的平板菌落特征（群体形态）。

② 了解其菌落在其形态学鉴定上的重要性。

③ 了解观察酵母菌、常见霉菌形态特征（个体形态）的基本方法。

二、基本原理

真菌是具有真正细胞核的真核生物，包括酵母菌、霉菌和大型真菌三大类型。本部分主要介绍如何观察酵母菌的显微形态结构。

酵母菌是单细胞的真核微生物，细胞核和细胞质有明显分化，个体比细菌大得多。酵母菌的形态通常有球状、卵圆状、椭圆状、柱状或香肠状等多种。无性繁殖以芽孢为主，也有少数是裂殖，有些酵母菌能产生囊孢子，有的能形成假菌丝。酵母菌的菌落似细菌菌落，但较大且厚，多呈白色，少数为红色。酵母菌在液体中生长可形成菌膜、菌环、沉淀和浑浊。酵母菌的细菌结构较完善，即有壁、膜、质、核等结构。酵母菌的细胞形态、繁殖方式和培养特征均为菌种鉴定的依据。

霉菌菌丝较粗大，细胞易收缩变形，而且孢子很容易飞散，所以制标本时常用乳酸石炭酸棉蓝染色液。此染色液制成的霉菌标本片特点是：①细胞不变形；②具有杀菌防腐作用，且不易干燥，能保持较长时间；③溶液本身呈蓝色，有一定染色效果。

霉菌形态比细菌、酵母菌复杂，个体比较大，具有分枝的菌丝体和分化的繁殖器官。霉菌营养体的基本形态单位是菌丝，包括有隔菌丝和无隔菌丝。营养菌丝分布在营养基质的内部，气生菌丝伸展到空气中。营养菌丝体除基本结构以外，有的霉菌还有一些特化形态，例如假根、匍匐菌丝、吸器等。霉菌的繁殖菌丝体不仅包括无性繁殖体，例如分生孢子、孢子囊等，包裹其内或附着其上的有各类无性孢子；还包括有性繁殖结构，例如子囊果，其内形成有性孢子。在观察时要注意细胞的大小，菌丝构造和繁殖方式。

霉菌自然生长状态下的形态，常用载玻片观察，此法是接种霉菌孢子于载玻片上的适宜培养基上，培养后用显微镜观察。此外，为了得到清晰、完整、保持自然状态的霉菌形态还可利用玻璃纸透析培养法进行观察。此法是利用玻璃纸的半透膜特性及透光性，将霉菌生长在覆盖于琼脂培养基表面的玻璃纸上，然后将长菌的玻璃纸剪取一小片，贴放在载玻片上用显微镜观察。

三、实验材料与用具

① 菌种：酿酒酵母（*Saccharomyces cerevisiae*）试管斜面、黑根霉（*Rhizopus nigricans*）斜面菌种、总状毛霉（*Mucor racemosus*）斜面、产黄青霉（*Penicillum chrysogenum*）斜面、黑曲霉（*Aspergillus nigricans*）斜面。

② 染色液：0.1%美蓝染色液、乳酸碳酸棉蓝染色液。

③ 培养基：马铃薯葡萄糖培养基 PDA、酵母浸出粉葡萄糖培养基（YEPD）、麦氏（McCLary）培养基（醋酸钠培养基）。

④ 仪器及用具：接种针、接种环、解剖针、酒精灯、载玻片、盖玻片、无菌吸管、显微镜、染色镜检用品吸管、U 形棒、解剖刀、玻璃纸、滤纸等。

四、实验步骤

1. 酵母形态观察

（1）啤酒酵母形态观察

取一洁净载玻片，在载玻片上滴一滴无菌水，用接种环挑取少许啤酒酵母菌苔置于无菌水中，用接种环轻轻划动，使其分散成云雾状薄层；另取一盖玻片，小心覆盖菌液。在显微镜下观察酵母细胞的形状、大小及出芽方式。

（2）酵母菌死活细胞的检查

载片上加一滴 0.1%的美蓝，用接种环挑取少许酵母菌苔置于美蓝液滴中，用接种环划动，使其分散均匀，加盖玻片，在显微镜下观察，死细胞为蓝色，活细胞无色。

（3）子囊孢子的观察

将啤酒酵母接种于 YEPD 液体培养基中，于 28～30℃恒温箱中培养 24h，连续转接培养 3 次，再接种到 McCLary 斜面培养基上，25℃培养 2 周左右。用接种环挑取少许生长在 McCLary 斜面培养基上的啤酒酵母于载玻片上，制成涂片，干燥、固定、染色后，观察子囊孢子形状和特点，以及每个子囊内的孢子数等。

2. 霉菌形态观察

（1）水浸片观察法

① 倒平板：将察氏培养基配制灭菌后，倒平板，每皿倒 20mL 左右，凝固后使用。

② 接种与培养：将青霉、毛霉、曲霉、根霉等分别接种在不同的平皿中。置于 28～30℃的恒温箱中培养 3～7 天，观察霉菌的生长情况，直至长成较大菌落并布满孢子。

③ 制水浸片：于洁净载玻片上，滴一滴乳酸石炭酸棉蓝染色液，用解剖针从霉菌菌落的边缘处取少量带有孢子的菌丝置染色液中，再细心地将菌丝挑散开，小心地盖上盖玻片。置显微镜下先用低倍镜观察，必要时再换高倍镜。

④ 观察。a. 青霉形态观察：观察青霉的菌丝及其分隔情况、分生孢子着生情况，辨认分生孢子梗、小梗及分生孢子。b. 毛霉形态观察：观察毛霉孢子的形状、颜色、大小、孢子囊、囊轴的形状，有无假根和葡萄菌丝。c. 曲霉形态观察：观察黑曲霉的分生孢子梗、足细胞、分生孢子的形状、颜色、大小、顶囊的形状、小梗排列、隔膜。d. 根霉形态观察：观察根霉的假根、匍匐枝、孢子囊柄、孢子囊以及孢囊孢子。

成功关键或注意事项：小心地盖上盖玻片，注意不要产生气泡。

（2）载片培养法

① 将略小于培养皿底内径的滤纸放入皿内，再放上 U 形玻棒，其上放一洁净的载

玻片，然后将两个盖玻片分别斜立在载玻片的两端，盖上皿盖，把数套（根据需要而定）如此装置的培养皿叠起，包扎好，用 1.05kg/cm²，121.3℃灭菌 20min 或干热灭菌，备用（如图 5-1 所示）。

② 将 6～7mL 灭菌的马铃薯葡萄糖培养基倒入直径为 9cm 的灭菌平皿中，待凝固后，用无菌解剖刀切成 0.5～1cm² 的琼脂块，用刀尖铲起琼脂块放在已灭菌的培养皿内的载玻片上，每片上放置 2 块。

③ 用灭菌的尖细接种针或装有柄的缝衣针，取（肉眼方能看见的）一点霉菌孢子，轻轻点在琼脂块的边缘上，用无菌镊子夹着立在载玻片旁的盖玻片盖在琼脂块上，再盖上皿盖。

④ 在培养皿的滤纸上，加无菌的 20% 甘油数毫升，至滤纸湿润即可停加。将培养皿置 28℃培养一定时间后，取出载玻片置显微镜下观察。

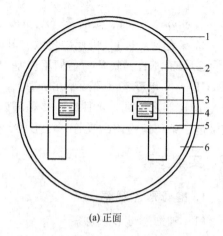

(a) 正面

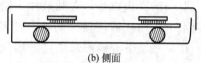

(b) 侧面

图 5-1　载玻片培养法示意图

1—培养皿；2—U 形玻棒；3—盖玻片；
4—培养物；5—载玻片；6—保湿用滤纸

（3）玻璃纸透析培养观察法

① 向霉菌斜面试管中加入 5mL 无菌水，洗下孢子，制成孢子悬液。

② 用无菌镊子将已灭菌的、直径与培养皿相同的圆形玻璃纸覆盖于查氏培养基平板上。

③ 用 1mL 无菌吸管吸取 0.2mL 孢子悬液于上述玻璃纸平板上，并用无菌玻璃刮棒涂抹均匀。

④ 置 28℃温室培养 48h 后，取出培养皿，打开皿盖，用镊子将玻璃纸与培养基分开，再用剪刀剪取一小片玻璃纸置载玻片上，用显微镜观察。

五、注意事项

① 用于活化酵母菌的培养基要新鲜、表面湿润。

② 在酵母产孢子培养基上加大接种量，可提高子囊形成率。

③ 在直接制片观察法中用镊子取菌和用解剖针分散菌丝时要细心，尽量减少菌丝断裂及形态被破坏，盖盖玻片时避免气泡产生。

④ 在载玻片培养观察中，注意无菌操作，接种量要少并尽可能将分散孢子接种在琼脂块边缘，避免培养后菌丝过于密集影响观察。

六、实验报告

① 把观察到的酵母及子囊孢子绘图，并注明各部分名称。

② 把观察到的各种霉菌绘图，并注明各部分结构名称。

③ 列表（见表 5-1）比较根霉、毛霉、青霉与曲霉在形态结构上的异同。

表 5-1 真菌形态结构差异

种类	菌丝特征,有无隔膜	繁殖方式
根霉		
毛霉		
青霉		
曲霉		

七、思考题

① 酵母菌与细菌细胞形态、结构上有何区别？如何区别长在同一平板上酵母菌和细菌？

② 为什么在观察霉菌个体形态时要连同培养基一起挑起？

实验六　放线菌的观察

一、目的与要求

① 学习并掌握放线菌形态结构的观察方法。

② 观察放线菌的菌落特征、个体形态及其繁殖方式。

二、基本原理

和细菌的单染色一样，放线菌也可用石炭酸复红或碱性美蓝等染料着色后，在显微镜下观察其形态。放线菌的孢子丝形状和孢子排列情况是放线菌分类的重要依据，为了不打乱孢子的排列情况，常用印片染色法和胶带纸粘菌染色法进行制片观察。

放线菌是由不同长短的纤细的菌丝所形成的单细胞菌丝体。菌丝体分为两部分，即潜入培养基中的营养菌丝（或称基内菌丝）和生长在培养基表面的气生菌丝。有些气生菌丝分化成各种孢子丝，呈螺旋形、波浪形或分枝状等。孢子常呈圆形、椭圆形或杆形。气生菌丝及孢子的形状和颜色常作为分类的重要依据。

放线菌的菌落早期绒状同细菌菌落月牙状相似，后期形成孢子菌落呈粉状、干燥，有各种颜色呈同心圆放射状。放线菌的菌落在培养基上着生牢固，与基质结合紧密，难以用接种针挑取。

三、实验材料与用具

① 菌种：灰色链霉菌（*Streptomycs griseus*）培养物、天蓝色链霉菌（*Streptomycs coelicolor*）培养物、细黄链霉菌（*Streptomycs microflavus*）培养物。

② 染色液：复红染色液（或结晶紫）。

③ 培养基：高氏1号培养基。

④ 仪器及用具：培养皿、玻璃纸、载玻片、盖玻片、无菌滴管、镊子、接种环、小刀（或刀片）、吸水纸、擦镜纸、酒精灯、水浴锅、显微镜、超净工作台、恒温培养箱。

四、实验步骤

1. 插片法

① 倒平板　将高氏1号培养基熔化后，倒10～12mL左右于灭菌培养皿内，凝固后使用。

② 插片　将灭菌的盖玻片以45°插入培养皿内的培养基中，插入深为1/2或1/3。

③ 接种与培养　用接种环将菌种接种在盖玻片与琼脂相接的沿线，放置28℃培养3～7d。

④ 观察　培养后菌丝体生长在培养基及盖玻片上，小心用镊子将盖玻片抽出，轻轻擦去生长较差的一面的菌丝体，将生长良好的菌丝体面向的载玻片，压放于载玻片上。直接在显微镜下观察。

2. 压印法

① 制备放线菌平板　倒平板同插片法。在凝固的高氏 1 号培养基平板上用划线分离法得到单一的放线菌菌落。

② 挑取菌落　用灭菌的小刀（或刀片）挑取有单一菌落的培养基一小块，放在洁净的载玻片上。

③ 印片　用镊子取一洁净盖玻片，在火焰上稍微加热（注意：别将盖玻片烤碎），然后把盖玻片放在带菌落的培养基小块上，再用小镊子轻轻压几下，使菌落的部分菌丝体印压在盖玻片上。注意不要使培养体在玻片上滑动，否则会打乱孢子丝的自然形态。

④ 染色　将印有放线菌的涂面朝上，通过酒精灯火焰 2～3 次加热固定，用石炭酸复红染色 1min，水洗后晾干。

⑤ 观察　将制好的玻片置于显微镜下观察，先用低倍镜后用高倍镜，最后用油镜观察孢子丝、孢子的形态及孢子排列情况。

3. 埋片法

① 倒平板　倒平板同上①。

② 接种与培养　在已凝固的琼脂平板上用灭菌小刀切开两条小槽，宽度小于 1.5cm。把放线菌接种在小槽边上，盖上已灭菌的盖玻片 1～2 片，盖好培养盖。将制作好的平板放在 28℃ 恒温箱培养 3～4 天。

③ 观察　取出培养皿，可以打开皿盖，将培养皿直接置于显微镜下观察；也可以取下盖玻片，将其放在洁净载玻片上，放在显微镜下观察。

五、注意事项

① 用显微镜观察时最好用较暗的光线，先用低倍镜找到适当视野再换高倍镜观察。

② 印片时注意将载玻片垂直放下和取出，以防载玻片水平移动而破坏放线菌的自然形态。

六、实验报告

① 绘图和描述自然生长状态下观察到的放线菌形态。

② 观察并绘制放线菌的营养菌丝、气生菌丝、孢子丝及孢子形态。

③ 比较不同放线菌菌落形态和菌丝形态的异同（填入表 6-1）。

表 6-1　不同放线菌的异同

菌种	大小	形状	边缘	表面性状	表面光泽	颜色	质地和干湿度
灰色链霉菌							
天蓝色链霉菌							
细黄链霉菌							

七、思考题

① 在高倍镜下如何区分放线菌的基内菌丝和气生菌丝？

② 比较实验中采用的几种观察方法的优缺点。

实验七　微生物大小的测定

一、目的与要求

① 学习显微测微尺的使用和计算方法。

② 掌握用显微测微尺测量细菌和酵母菌大小的方法。

③ 增强对微生物个体大小的认识。

二、基本原理

每一种微生物在一定条件下，有其相对固有的大小形态。微生物细胞大小，是其基本的形态特征之一，它也是分类鉴定的依据之一。

微生物大小测定可用显微测微尺测量。显微测微尺分为镜台测微尺和目镜测微尺两部分（如图 7-1 所示）。

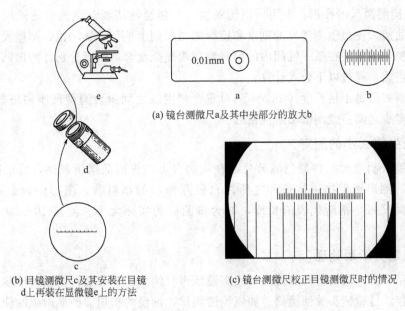

(a) 镜台测微尺a及其中央部分的放大b

(b) 目镜测微尺c及其安装在目镜
d上再装在显微镜e上的方法

(c) 镜台测微尺校正目镜测微尺时的情况

图 7-1　目镜测微尺及镜台测微尺示意图

1. 镜台测微尺

镜台测微尺是一块载玻片，中央部分贴有一块刻有精确等分线圆形盖片。每一刻度间距为 $10\mu m$，总长度为 1mm，即把 1mm 等分为 100 格，是专门为校正目镜测微尺实际数值用的。

2. 目镜测微尺

目镜测微尺是一块可放入接目镜内的特定圆形玻璃片。玻片中央是一个细长带刻度的尺，等分成 50 或 100 小格，测量时将其放在接目镜隔板上。目镜测微尺只是测量显微镜放大后的物像。由于不同显微镜的放大倍数不同，故目镜测微尺每格实际代表长度随显微镜的不同而不同。因此在使用前必须用物镜测微尺校正，以求得在一定接物镜及目镜等光学系统下，目镜测微尺每格所代表的实际长度。

三、实验材料与用具

① 菌种：大肠埃希氏杆菌（*Escherichia coli*）、金黄色葡萄球菌（*Staphylococcus aureus*）、枯草芽孢杆菌（*Bacillus subtilis*）、酿酒酵母（*Saccharomyces cerevisiae*）的斜面培养物。

② 试剂：香柏油、二甲苯。

③ 仪器及用具：显微镜、镜台测微尺、目镜测微尺、酒精灯、擦镜纸等。

四、实验步骤

1. 目镜测微尺的标定

① 安装显微测微尺：将目镜测微尺装入目镜内，有刻度的一面朝下，将镜台测微尺有刻度面朝上置载物台上。

② 目镜测微尺的校正：先用低倍镜观察，调焦至能清晰看到镜台测微尺后，转动高倍镜或油镜，使目镜测微尺的刻度和镜台测微尺刻度平行。移动镜台测微尺，使目镜测微尺与镜台测微尺在某一区间内的两对刻度线完全重合，然后分别计数出两重合线间各自所占格数，通过以下公式计算：

目镜测微尺每小格长度（μm）＝两对重合刻度线之间镜台测微尺所占格数×10/两对重合刻度线之间目镜测微尺所占格数

2. 微生物大小的测定

取下镜台测微尺，将染色载玻片放在载物台上，先用低倍镜观察，后换高倍镜或油镜观测，测定微生物菌体长和宽所占目镜测微尺的小格数，测得格数乘以已标定的目镜测微尺每小格所代表的长度，即为该菌体的实际大小。测定 10～20 个菌体求出平均值。

3. 测定完毕后处理

测定完毕后，取出目镜测微尺，用擦镜纸将目镜测微尺和镜台测微尺擦拭干净，放回原处保存。目镜镜头放回镜筒。如用油镜测量，油镜的护理参照显微镜的使用。

五、注意事项

① 镜台测微尺的玻片很薄，在标定油镜头时，要格外注意，以免压碎镜台测微尺或损坏镜头。

② 标定目镜测微尺时要注意准确对正目镜测微尺与镜台测微尺的重合线。

六、实验报告

① 将目镜测微尺校正的结果填入下表 7-1。

表 7-1　目镜测微尺的校正

放大倍数 目镜×物镜	两条重合刻度线之间格数		接目测微尺每小格 代表的实际长度/μm
	接目测微尺	镜台测微尺	
10×10			
10×40			
10×100			
16×10			
16×40			

② 将微生物细胞大小值填入下表 7-2。

表 7-2　微生物细胞大小

微生物名称 测量次数	1	2	3	4	5	6	7	8	9	10	平均值
大肠杆菌　长度											
宽度											
金黄色葡萄球菌　长度											
宽度											
枯草芽孢杆菌　长度											
宽度											
酵母菌　长度											
宽度											

七、思考题

为什么改变目镜和物镜放大倍数时，必须要用镜台测微尺对目镜测微尺重新标定？

实验八　微生物数量的测定

一、目的与要求

① 了解几种常用微生物数量测定方法的原理。

② 掌握用血球计数板直接测定微生物数量的方法。

③ 学习平板菌落计数的基本原理和方法。

二、基本原理

测定微生物的数量有多种方法。常分为直接计数法和间接计数法两大类。直接计数法中有显微直接计数、比浊法、电子计数器计数法等多种方法。间接计数法包括平板菌落计数法、生理指标测定、MPN 法等几种方法。显微直接计数法和平板活菌计数法是微生物数量测定中最常用的两种方法。

显微直接计数法适用于各种含单细胞菌体的纯培养悬浮液。菌体较大的酵母菌或霉菌孢子可采用血球计数板，一般细菌则采用细菌计数板。两种计数板的原理和部件相同，只是细菌计数板较薄，可以使用油镜观察；而血球计数板较厚，不能使用油镜。血球计数板是一块特制的厚载玻片，载玻片上有 4 条槽而构成 3 个平台。中间的平台较宽，其中间又被一短横槽分隔成两半，每个半边上面各有一个方格网。每个方格网共分 9 大格，其中间的一大格（又称为计数室）常被用作微生物的计数（见图 8-1）。

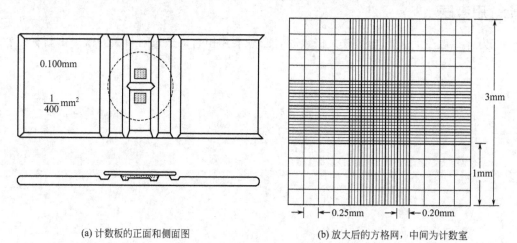

(a) 计数板的正面和侧面图　　　　　　(b) 放大后的方格网，中间为计数室

图 8-1　血球计数板

计数室的刻度有两种：一种是大方格分为 16 个中方格，而每个中方格又分成 25 个小方格；另一种是一个大方格分成 25 个中方格，而每个中方格又分成 16 个小方格（见图 8-2）。但是不管计数室是哪一种构造，它们都有一个共同特点，即每个大方格都由 400 个小方格组成。每个大方格边长为 1mm，则每一大方格的面积为 1mm²，每个小方

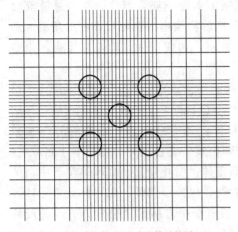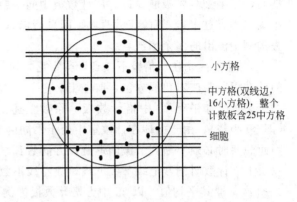

| | 小方格 |
| 中方格(双线边, 16小方格), 整个计数板含25中方格 |
| 细胞 |

(a) 25中方格及5个中方格计数区   (b) 放大后的中方格(含16小方格)

图 8-2　高倍镜下 25 中方格（16 小方格）型计数室

格的面积为（1/400）mm^2，盖上盖玻片后，盖玻片与计数室底部之间的高度为 0.1mm，所以每个计数室（大方格）的体积为 $0.1mm^3$，每个小方格的体积为（1/4000）mm^3。使用血球计数板直接计数时，先要测定每个小方格（或中方格）中微生物的数量，再换算成每 mL 菌液（或每 g 样品）中微生物细胞的数量。

平板菌落计数法是将待测样品经适当稀释后，其中的微生物充分分散为单个细胞，取一定量的稀释液接种到平板上，经过培养，由每个单细胞生长繁殖而形成的肉眼可见的菌落，即一个单菌落应代表原样品中的一个单细胞。统计菌落数，根据其稀释倍数和取样接种量即可换算出样品中的含菌数。但是，由于待测样品往往不易完全分散成单个细胞，所以，长成的一个单菌落也可能来自样品中的 2～3 或更多个细胞。因此平板菌落计数的结果往往偏低。为了清楚地阐述平板菌落计数的结果，现在已倾向使用菌落形成单位（cfu）而不以绝对菌落数来表示样品的活菌含量。平板菌落计数法是使不可见的微生物在人工培养基平板上生长成为可见的菌落（cfu），从而可用肉眼进行观察、计数。较其他方法直观准确，是一种经典的检测活菌数的方法，也是目前国际上通用的方法。

三、实验材料与用具

① 菌种：酿酒酵母（*Saccharomyces cerevisiae*）48h 麦芽汁斜面、大肠埃希氏菌（*Escherichia coli*）24h 琼脂斜面。

② 培养基及试剂：生理盐水。

③ 仪器及用具：血球计数板、毛细吸管、试管、微量移液器、超净工作台、恒温培养箱、接种环、吸水纸等。

四、实验步骤

1. 显微直接计数法

① 制备菌悬液：取无菌生理盐水加入酿酒酵母斜面中，制备浓度适当的菌悬液。

② 加样：取洁净的血球计数板一块，在计数室上盖上一块盖玻片。将菌悬液充分摇匀，用毛细滴管吸取少许，从计数板中间平台两侧的沟槽内沿盖玻片的右上角滴入一小滴（不宜过多），使菌液沿两玻片间自行渗入计数室，勿使产生气泡，并用吸水纸吸去沟槽中流出的多余菌液。

③ 计数：先在低倍镜下找到计数室后，再转换高倍镜观察计数。计数时用 16 中格的计数板，要按对角线方位，取左上、左下、右上、右下的 4 个中格（即 100 小格）的酵母菌数。如果是 25 中格计数板，除数上述四格外，还需数中央 1 中格的酵母菌数（即 80 小格）。由于菌体在计数室中处于不同的空间位置，要在不同的焦距下才能看到，因而观察时必须不断调节微调螺旋，方能数到全部菌体，防止遗漏。如菌体位于中格的双线上，计数时则数上线不数下线，数左线不数右线，以减少误差。每个样品重复计数 2～3 次，取其平均值。以 25 中方格计数板为例，设五个中方格的总菌数为 A，菌液稀释倍数为 B，按下述公式计算出每毫升菌液所含酵母菌细胞数。

$$1\text{mL 菌液中的总菌数} = (A/5) \times 25 \times 10^4 \times B = 50000A \times B（个） \tag{8-1}$$

④ 清洗计数板：测数完毕，取下盖玻片，将血球计数板在水龙头上用水柱冲洗，切勿用硬物洗刷或抹擦，以免损坏网格刻度。镜检观察每小格内是否有残留菌体或其化沉淀物。若不干净，则必须重复洗涤至干净为止。洗净后自行晾干或用吹风机吹干，放入盒内保存。

2. 平板活菌计数法

（1）无菌器材的准备

① 无菌培养皿：取培养皿 9 套，包扎、灭菌。

② 无菌吸头的准备：取 1mL 吸头放入吸头盒内灭菌。

③ 无菌水：取 6 支试管，分别装入 4.5mL 蒸馏水，加棉塞，灭菌。

（2）样品稀释液的制备

① 编号 取无菌平皿 9 套，分别用记号笔标明 10^{-4}、10^{-5}、10^{-6}（稀释度）各 3 套。另取 6 支盛有 4.5mL 无菌水的试管，依次标是 10^{-1}、10^{-2}、10^{-3}、10^{-4}、10^{-5}、10^{-6}。

② 稀释 精确吸取 0.5mL 已经充分混匀的菌悬液（待测样品）至 10^{-1} 的试管中，此即为 10 倍稀释。将 10^{-1} 试管置试管振荡器上振荡，使菌液充分混匀。精确吸取 0.5mL 10^{-1} 菌液至 10^{-2} 试管中，此即为 100 倍稀释。……其余依次类推，直至 10^{-6} 稀释液。

（3）加样

用无菌吸头按无菌操作要求吸取 10^{-6} 稀释液各 1mL 放入编号 10^{-6} 的 3 个平板中，同法吸取 10^{-5} 稀释液各 1mL 放入编号 10^{-5} 的 3 个平板中，再吸取 10^{-4} 稀释液各 1mL 放入编号 10^{-4} 的 3 个平板中。然后在 9 个平板中分别倒入已融化并冷却至 45～50℃ 的无菌培养基，轻轻转动平板，使菌液与培养基混合均匀，冷凝后倒置，适温培养，至长出菌落后即可计数。

（4）计数

培养 48h 后，取出培养平板，算出同一稀释度 3 个平板上的菌落平均数，并按下列公式进行计算

每 mL 中菌落形成单位(cfu)＝同一稀释度 3 次重复的平均菌落数×稀释倍数　　(8-2)

五、注意事项

① 首先检测血球计数板是否干净。

② 计数室的线条是无色的，活细胞是透明的，在进行计数观察时应适当减低视野亮度，以增加反差，便于观察。

③ 观察时，应先在低倍镜下寻找到方格网中的计数室的位置，再将移到视野中央，再换高倍镜观察和计数。计数室内不能有气泡。

六、实验报告

1. 实验结果

① 显微直接计数法（见表 8-1）。

表 8-1　显微直接计数法

计数	中方格菌数					总菌数	两室平均值	稀释倍数	菌数/(个/mL)
	1	2	3	4	5				
第一室									
第二室									

② 平板活菌计数法（见表 8-2）。

表 8-2　平板活菌计数法

稀释度	10^{-4}				10^{-5}				10^{-6}			
菌落数	1	2	3	平均	1	2	3	平均	1	2	3	平均
1g(1mL)样品活菌数/cfu												

2. 讨论

针对实验原理、步骤、现象进行讨论。

七、思考题

试比较平板菌落计数法和显微镜下直接计数法的优缺点及应用。

实验九　培养基的制备

一、目的与要求

① 了解培养基的配制原理。

② 掌握培养基配制的一般方法和步骤。

③ 学习常用的几种人工培养基的配制程序。

二、基本原理

在实验室中配制的适合微生物生长繁殖或累积代谢产物的任何营养基质，都叫做培养基（Media）。培养基的种类很多，按物质组成可分为：天然培养基（Natural Medium）、半合成培养基（Semisynthetic Medium）、合成培养基（Synthetic Medium）。按性质和用途可分为：基础培养基（Basal Medium）、营养培养基（Enriched Medium）、鉴别培养基（Differential Medium）、选择培养基（Selective Medium）、特殊培养基（Special Medium）。按物理性状可分为：液体培养基（Liquid Medium）、半固体培养基（Semi-Solid Medium）、固体培养基（Solid Medium）和脱水培养基（Dehydrated Medium）。液体培养基，所配制的培养基是液态的，其中的成分基本上溶于水，没有明显的固形物，液体培养基营养成分分布均匀，易于控制微生物的生长代谢状态。固体培养基，在液体培养基中加入适量的凝固剂即成固体培养基。常用作凝固剂的物质有琼脂、明胶、硅胶等，以琼脂最为常用。一般加入 $1.5\%\sim 2\%$ 的琼脂。固体培养基在实际中用得十分广泛。在实验室中，它可用于微生物的分离、鉴定、检验杂菌、计数、保藏、生物测定等方面。半固体培养基，如果把少量的凝固剂加入到液体培养基中，就制成了半固体培养基。以琼脂为例，它的用量在 $0.2\%\sim 0.8\%$ 之间。根据不同的实验目的或微生物类型可选择不同的类型的培养基。

虽然培养基种类繁多，但不同的培养基中一般含有微生物生长繁殖所必须的碳源、氮源、生长因子、无机盐、水等成分。不同的微生物对生活环境 pH 值要求不同，在配制培养基时还需调整培养基的 pH 值。

三、实验材料与用具

① 试剂：牛肉浸膏、蛋白胨、氯化钠、蒸馏水、琼脂、1mol/L 盐酸、1mol/L 氢氧化钠等。

② 仪器及用具：天平、高压蒸汽灭菌锅、干燥箱、试管、三角瓶、烧杯、量筒、玻棒、药匙、玻璃漏斗、pH 试纸（5.5～9.0）、滤纸、棉花、称量纸、牛皮纸、记号笔、棉线、纱布、培养皿等。

四、实验步骤

牛肉膏蛋白胨培养基的制备如下。

（1）培养基成分的称取。

根据用量按比例依次称取成分，牛肉膏常用玻棒挑取，放在小烧杯或表面皿中称量，用热水溶化后倒入烧杯，蛋白胨易吸湿，称量时要迅速。

培养基的各种成分必须精确称取并要注意防止错乱，最好一次完成，不要中断。可将配方置于手边，每称完一种成分即在配方上做出记号，并将所需称取的药品一次取齐，置于左侧，每种称取完毕后，即移放于右侧。完全称取完毕后，还应进行一次检查。

（2）溶解

在烧杯中加入少于所需要的水量，逐一加入各成分，搅拌，使其溶解。药品完全溶解后，补充水分到所需体积。如为固体或半固体培养基，在液体培养基溶解的基础上加入 $1.5\% \sim 2\%$ 或 $0.2\% \sim 0.8\%$ 的琼脂，煮沸融化琼脂，融化过程需不断搅拌。溶好后，补足所需水分。

（3）调培养基 pH 值

用精密 pH 试纸（或 pH 电位计、氢离子浓度比色计）测试培养基的原始 pH 值，如不符合需要，可用 1mol/L NaOH 或 1mol/L HCl 进行调节，直到调节到配方要求的 pH 值为止。

注：因培养基在加热消毒过程中 pH 值会有所变化，培养基各成分完全溶解后，应进行 pH 值的初步调正。例如，牛肉浸液约可降低 pH 值 0.2，而肠浸液 pH 值却会有显著的升高。因此，对这个步骤，操作者应随时注意探索经验、以期能掌握培养基的最终 pH 值，保证培养基的质量。pH 值调整后，还应将培养基煮沸数分钟，以利培养基沉淀物的析出。

（4）培养基的过滤

用滤纸、纱布或棉花趁热将已配好的培养基过滤。液体培养基必须绝对澄清，琼脂培养基也应透明无显著沉淀，因此，须要采用过滤或其他澄清方法以达到此项要求。

（5）培养基的分装

用玻璃漏斗，橡皮管及弹簧夹制作分装装置（见图 9-1），将培养基趁热加至漏斗上进行分装。如果要制作斜面培养基，须将培养基分装于试管中，装试管时，固体培养基分装量不要超过试管高度的 1/5，灭菌后摆放斜面；半固体培养基分装量应以试管高度的 1/3 为恰当，灭菌后垂直摆放；如果要制作平板培养基或液体、半固体培养基，则须将培养基分装于三角瓶内，分装三角瓶的量一般以其容积的 1/2 为宜。注意管口不要沾上培养基。

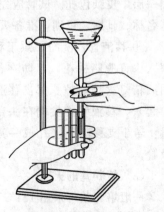

图 9-1 培养基的分装

（6）加棉塞

分装完毕后，需要用棉塞堵住管口或瓶口。堵棉塞的主要目的是过滤空气,避免污染。棉塞应采用普通新鲜、干燥的棉花制作,不要用脱脂棉,以免因脱脂棉吸水使棉塞无法使用。棉塞不要过紧过松,塞好后,以手提棉塞,管、瓶不下落为合适。棉塞的2/3应在管内或瓶内,上端露出少许棉花便于拔取。

(7) 包扎

① 培养皿:洗净的培养皿烘干后几套根据需要叠在一起,用牢固的纸卷成一筒,装入特制的铁桶中,然后进行灭菌。

② 试管和三角瓶:试管和三角瓶都需要做合适的棉塞。棉塞的制作方法(见图9-2):根据试管或三角瓶口径大小,取适量市售棉花(不可用脱脂棉),铺成近方形或圆形片状,将近方形的棉花块的一角向内折成五边形,用拇指和食指将五边形状的下脚折起,然后双手卷起棉塞成圆柱状,使柱状内的棉絮心较紧,在卷折的棉塞圆柱状基础上,将另一角向内折叠后继续卷折棉塞成形。这时手指稍竖起旋转棉塞,使塞外边缘的棉絮绕缚在棉塞柱体上,从而使棉塞外型光洁如幼蘑菇状态,棉塞的长度不小于管口直径的2倍,约2/3塞进管口(见图9-3)。要松紧适宜,紧贴管内壁而无缝隙。对较粗的试管棉塞,若在其外再包上一层纱布,则既增加美感,又可延长其使用寿命。

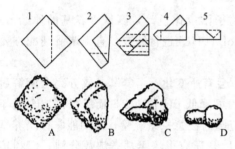

图9-2 棉塞的制作与步骤

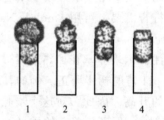

图9-3 正确与不正确的棉塞
1—正确;2—管内太短,外部太松;3—整个
棉塞太松;4—管内太紧,外部太短松

若干支试管用绳扎在一起,在棉花部分外包裹油纸或牛皮纸,再用绳扎紧。三角瓶加棉塞后单个用报纸包扎。塞好棉塞的试管和锥形瓶应盖上厚纸用绳捆扎,然后在外面用一层牛皮纸包扎。试管应先捆成一捆后再于棉塞外包扎牛皮纸,贴上标签,注明培养基名称、日期、组别,准备灭菌。

③ 移液管:洗净,烘干移液管。移液管的包扎方法(见图9-4),在管口的一头塞入少许脱脂棉花,以防在使用时造成污染。塞入的棉花量要适宜,多余的棉花可用酒精灯火焰烧掉。每支移液管用一条宽4～5cm的纸条,以30°～50°的角度螺旋形卷起来,移液管的尖端在头部,另一端用剩余的纸条打成一结,以防散开,标上容量,若干支移液管包扎成一束进行灭菌,使用时,从移液管中间拧断纸条,抽出移液管。

(8) 培养基的灭菌

一般培养基可采用121℃高压蒸汽灭菌15min的方法。在各种培养基制备方法中,如无特殊规定,即可用此法灭菌。

琼脂斜面培养基应在灭菌后立即取出，冷至 55～60℃时，摆置成斜面，放置时调整斜度，使斜面不超过试管总长的 1/2（见图 9-5），并固定好试管，待其自然凝固，避免斜面不平整。

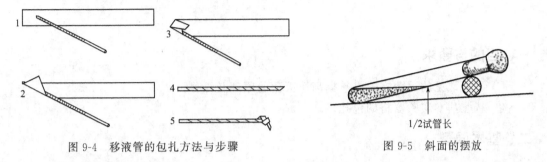

图 9-4　移液管的包扎方法与步骤　　　　　　　　图 9-5　斜面的摆放

1/2试管长

　　（9）培养基的质量测试

　　每批培养基制备好以后，应仔细检查一遍，如发现破裂、水分浸入、色泽异常、棉塞被培养基沾染等，均应挑出弃去，并测定其最终 pH 值。

　　将全部培养基放入（36±1）℃恒温箱培养过夜，如发现有菌生长，即弃去。

　　用有关的标准菌株接种 1～2 管或瓶培养基，培养 24～48h，如无菌生长或生长不好，应追查原因并重复接种一次，如结果仍同前，则该批培养基即应弃去，不能使用。

　　（10）培养基的保存

　　培养基应存放于冷暗处，最好能放于普通冰箱内。放置时间不宜超过一周，倾注的平板培养基不宜超过 3d。每批培养基均必须附有该批培养基制备记录副页或明显标签。

五、注意事项

　　① 琼脂要彻底融化，以在不摇动下对光观察不出现分层的均质液态为好。

　　② 培养基分装时，试管的装量不要超过试管的 1/5，三角瓶的装量不得超过容器装盛量的 2/3，一般以其容积的 1/2 为宜。注意管口不要沾上培养基。以免沾湿棉塞而引起杂菌污染。

　　③ 摆斜面时，应冷至 55～60℃时，方可摆放。若温度过高，斜面上会呈现过多的冷凝水；冷却过程中切勿移动试管。

六、实验报告

　　① 简述配制培养基的基本步骤及注意事项。

　　② 报告实验结果。

七、思考题

　　① 培养基配好后，为什么必须立即灭菌？如何检查灭菌后的培养基是无菌的？

　　② 管口、瓶口为什么要用棉塞？能否用木塞或橡胶塞代替？为什么？

　　③ 配制培养基时为什么要调节 pH 值？

实验十 消毒与灭菌

一、目的与要求

① 了解常见的灭菌方式，掌握高压灭菌的原理及操作。
② 掌握基本实验器材的包扎。

二、基本原理

灭菌是用物理或化学的方法来杀死或除去物品上或环境中的所有微生物。消毒是用物理或化学的方法杀死物体上绝大部分微生物（主要是病原微生物和有害微生物）。消毒实际上是部分灭菌。微生物实验室常用的灭菌方法包括直接灼烧、恒温干燥箱灭菌、高压蒸汽灭菌、间歇灭菌、煮沸灭菌等方法。

高压蒸汽灭菌是将待灭菌的物品放在一个密闭的加压灭菌锅内，通过加热，使灭菌锅隔套间的水沸腾而产生蒸汽。待水蒸气急剧地将锅内的冷空气从排气阀中驱尽，然后关闭排气阀，继续加热。此时由于蒸汽不能溢出，而增加了灭菌器内的压力，从而使沸点增高，得到高于100℃的温度，导致菌体蛋白质凝固变性而达到灭菌的目的。适用于一般培养基、玻璃器皿、无菌水、金属用具。一般培养基在121.3℃灭菌20min即可。干热灭菌是利用高温使微生物细胞内的蛋白质凝固变性而达到灭菌的目的。细胞内的蛋白质凝固性与其本身的含水量有关，在菌体受热时，当环境和细胞内含水量越大，则蛋白质凝固就越快，反之含水量越小，凝固越慢。因此，与湿热灭菌相比，干热灭菌所需温度高（160～170℃），时间长（1～2h）。但干热灭菌温度不能超过180℃，否则，包器皿的纸或棉塞就会烤焦，甚至引起燃烧，因而一般塑料制品不能用干热灭菌。

在同一温度下，湿热的杀菌效力比干热大。其原因有三：一是湿热中细菌菌体吸收水分，蛋白质较易凝固，因蛋白质含水量增加，所需凝固温度降低（表10-1）；二是湿热的穿透力比干热大（表10-2）；三是湿热的蒸汽有潜热存在。1g 水在100℃时，由气态变为液态时可放出2.26kJ（千焦）的热量。这种潜热，能迅速提高被灭菌物体的温度，从而增加灭菌效力。

表 10-1　蛋白质含水量与凝固所需温度的关系

卵白蛋白含水量/%	30min 内凝固所需温度/℃
50	56
25	74～80
18	80～90
6	145
0	160～170

表 10-2　干热湿热穿透力及灭菌效果比较

| 温度/℃ | 时间/h | 透过布层的温度/℃ | | | 灭菌 |
		20 层	10 层	100 层	
干热 130～140	4	86	72	70.5	不完全
湿热 105.3	3	101	101	101	完全

在使用高压蒸汽灭菌锅灭菌时，灭菌锅内冷空气的排除是否完全极为重要，因为空气的膨胀压大于水蒸气的膨胀压，所以，当水蒸气中含有空气时，在同一压力下，含空气蒸汽的温度低于饱和蒸汽的温度。灭菌锅内留有不同分量空气时，压力与温度的关系见（表 10-3）。

表 10-3　灭菌锅留有不同分量空气时，压力与温度的关系

| 压力数 | | | 全部空气排出时的温度/℃ | 2/3 空气排出时的温度/℃ | 1/2 空气排出时的温度/℃ | 1/3 空气排出时的温度/℃ | 空气全不排出时的温度/℃ |
MPa	kg/cm²	lbf/in²					
0.03	0.35	5	108.8	100	94	90	72
0.07	0.70	10	115.6	109	105	100	90
0.10	1.05	15	121.3	115	112	109	100
0.14	1.40	20	126.2	121	118	115	109
0.17	1.75	25	130.0	124	124	121	115
0.21	2.10	30	134.6	130	128	126	121

现在法定压力单位已经不用磅和 kg/cm² 表示，而是用 Pa 或 bar 表示，其换算关系为：$1kg/cm^2 = 98066.5Pa$；$1lbf/in^2 = 6894.76Pa$。

一般培养基用 0.1MPa（相当于 $15lbf/in^2$ 或 $1.05kg/cm^2$）、121.5℃，15～30min 可达到彻底灭菌的目的。灭菌的温度及维持的时间随灭菌物品的性质和容量等具体情况而有所改变。例如含糖培养基用 0.06MPa（$8lbf/in^2$ 或 $0.59kg/cm^2$）112.6℃灭菌 15min，但为了保证效果，可将其他成分先行 121.3℃灭菌 20min，然后以无菌操作手续加入灭菌的糖溶液。又如盛于试管内的培养基以 0.1MPa、121.5℃灭菌 20min 即可，而盛于大瓶内的培养基最好以 0.1MPa、122℃灭菌 30min。

实验中常用的非自控高压蒸汽灭菌锅有卧式和手提式二种，其结构和工作原理相同，本实验以手提式高压蒸汽灭菌锅为例，介绍其使用方法，有关自控高压蒸汽灭菌锅的使用可参照厂家说明书。

三、实验材料与用具

仪器及用具：电热鼓风干燥箱、手提式高压蒸汽灭菌锅、紫外线灯、立式高压蒸汽灭菌锅、培养皿吸管、试管、三角瓶、试管刷、棉花、报纸、包扎绳、去污粉、配制好的培养基等。

四、实验步骤

1. 玻璃仪器的清洗与包扎

（1）玻璃器皿的清洗

① 新的玻璃器皿应用 2% 的盐酸溶液浸泡数小时，用水充分洗干净。

② 用过的器皿应立即洗涤。

③ 强酸、强碱、琼脂等能腐蚀、阻塞管道的物质不能直接倒在洗涤槽内，必须到在废物缸内。一般的器皿都可用去污粉、肥皂或配成 5% 的热肥皂水来清洗。油脂很重的器皿应先将油脂擦去。沾有煤膏、焦油及树脂一类物质，可用浓硫酸或 40% 氢氧化钠或用洗液浸泡；沾有蜡或油漆物，可加热使之熔融后揩去，或用有机溶剂（苯、二甲苯、汽油、丙酮、松节油等）揩去。

④ 洗涤后的器皿应达到玻璃壁能被水均匀湿润而无条纹和水珠。

（2）干燥

做实验经常要用到的仪器应在每次实验完毕后洗净干燥备用。不同实验对干燥有不同的要求，一般定量分析用的烧杯、锥形瓶等仪器洗净即可使用，而用于精密分析的仪器很多要求是干燥的，有的要求无水痕，有的要求无水。应根据不同要求进行仪器干燥。

① 烘干：洗净的仪器控去水分，放在烘箱内烘干，烘箱温度为 105～110℃ 烘 1h 左右。也可放在红外灯干燥箱中烘干。此法适用于一般仪器。称量瓶等在烘干后要放在干燥器中冷却和保存。带实心玻璃塞的及厚壁仪器烘干时要注意慢慢升温并且温度不可过高，以免破裂。量器不可放于烘箱中烘干。硬质试管可用酒精灯加热烘干，要从底部烤起，把管口向下，以免水珠倒流把试管炸裂，烘到无水珠后把试管口向上赶净水气。

② 热（冷）风吹干：对于急于干燥的仪器或不适于放入烘箱的较大的仪器可用吹干的办法。通常用少量乙醇、丙酮（或最后再用乙醚）倒入已控去水分的仪器中摇洗，然后用电吹风机吹，开始用冷风吹 1～2min，当大部分溶剂挥发后吹入热风至完全干燥，再用冷风吹去残余蒸汽，不使其又冷凝在容器内。

③ 晾干：不急于用的仪器，可在蒸馏水冲洗后在无尘处倒置处控去水分，然后自然干燥。

（3）包扎

为了灭菌后仍保持无菌状态，各种玻璃器皿灭菌前均需包扎（包扎方法见实验九）。

2. 灭菌

（1）干热灭菌操作步骤

① 装箱　将准备灭菌的玻璃器具洗涤干净、晾干，用纸包裹好，放入灭菌的长铁盒（或铝盒）内，放入干热灭菌箱内，关好箱门。

② 灭菌　接通电源，打开干热灭菌箱排气孔，等温度升至 80～100℃ 时关闭排气孔，继续升温至 160～170℃ 计时，恒温 1～2h。

③ 灭菌结束后，断开电源，自然降温至 60℃，打开电烘箱门，取出物品放置备用。

（2）高压蒸汽灭菌法

实验室中常用的高压蒸汽灭菌锅有立式、卧式和手提式等几种。本实验介绍手提式高压蒸汽灭菌锅的使用方法。

手提式高压蒸汽灭菌锅的使用操作步骤如下。

① 首先将内层灭菌桶取出，再向外层锅内加入适量的水，水面与三角搁架相平为宜。

② 放回灭菌桶，并装入待灭菌物品。注意不要装得太挤，以免妨碍蒸汽流通而影响灭菌效果。三角烧瓶与试管口端均不要与桶壁接触，以免冷凝水淋湿包口的纸而透入棉塞。

③ 加盖，并将盖上的排气软管插入内层灭菌桶的排气槽内。再以两两对称的方式同时旋紧相对的两个螺栓，使螺栓松紧一致，勿使漏气。

④ 接通电源，并同时打开排气阀，使水沸腾以排除锅内的冷空气。待冷空气完全排尽后，关上排气阀，让锅内的温度随蒸汽压力增加而逐渐上升。当锅内压力升到所需压力时，控制热源，维持压力至所需时间。本实验用 $1.05kg/cm^2$、121.3℃，20min 灭菌。

⑤ 达到灭菌所需时间后，切断电源，让灭菌锅内温度自然下降，当压力表的压力降至 0 时，打开排气阀，旋松螺栓，打开盖子，取出灭菌物品。如果压力未降到 $0kg/cm^2$ 时，打开排气阀，就会因锅内压力突然下降，使容器内的培养基由于内外压力不平衡而冲出烧瓶口或试管口，造成棉塞沾染培养基而发生污染。

⑥ 将取出的灭菌培养基放入 37℃温箱培养 24h，经检查若无杂菌生长，即可待用。

五、注意事项

① 灭菌物品不能堆得太满、太紧，以免影响温度均匀上升。

② 干热灭菌时，灭菌物品不能直接放在电烘箱底板上，以防止包纸烘焦；灭菌温度恒定在 160～170℃ 为宜，温度过高，纸和棉花会被烤焦；降温时待温度自然降至 60℃ 以下再打开箱门取出物品，以免因温度过高骤然降温而导致玻璃器皿炸裂。

③ 高压蒸汽灭菌时，一定使灭菌锅内的冷空气排尽后，再升压。

六、实验报告

报告实验结果。

七、思考题

① 湿热灭菌与干热灭菌有何不同。

② 灭菌前为什么要进行包扎？

③ 怎样使用高压蒸汽灭菌器，应注意哪些问题？

附：

1. 紫外线灭菌

紫外线灭菌是用紫外线灯进行的，波长为 200～300nm 的紫外线都有杀菌能力，其中以 260nm 的杀菌力最强。在波长一定的条件下，紫外线的杀菌效率与强度和时间的乘积成正比。紫外线杀菌机理主要是因为它诱导了胸腺嘧啶二聚体的形成和 DNA 链的交联，从而抑制了 DNA 的复制。另一方面，由于辐射能使空气中的氧电离成 [O]，再使 O_2 氧化生成臭氧（O_3）或使水（H_2O）氧化生成过氧化氢（H_2O_2）。O_3 和 H_2O_2 均有杀菌作用。紫外线穿透力不大，所以只适用于无菌室、接种箱、手术室内的空气及物体表面的灭菌。紫外线灯距照射物以不超过 1.2m 为宜。

此外，为了加强紫外线灭菌效果，在打开紫外灯以前可在无菌室内（或接种箱内）喷洒3‰～5‰石炭酸溶液，一方面使空气中附着有微生物的尘埃降落，另一方面也可以杀死一部分细菌。无菌室内的桌面，凳子可用2‰～3‰的来苏尔擦洗，然后再开紫外灯照射，即可增强杀菌效果，达到灭菌目的。

2. 过滤除菌

过滤除菌是通过机械作用滤去液体或气体中细菌的方法。根据不同的需要选用不同的滤器和滤板材料。微孔滤膜过滤器（图10-1）是由上下两个分别具有出口和入口连接装置的塑料盖盒组成，出口处可连接针头，入口处可连接针筒，使用时将滤膜装入两塑料盖盒之间，旋紧盖盒，当溶液从针筒注入滤器时，此滤器将各种微生物阻留在微孔滤膜上面，从而达到除菌的目的。根据待除菌溶液量的多少，可选用不同大小的滤器。此法除菌的最大优点是可以不破坏溶液中各种物质的化学成分，但由于滤量有限，所以一般只适用于实验室中小量溶液的过滤除菌。

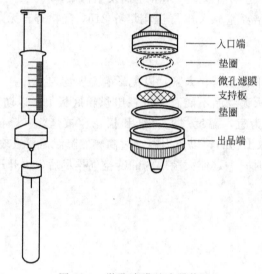

入口端
垫圈
微孔滤膜
支持板
垫圈
出品端

图 10-1　微孔滤膜过滤器装置

实验十一　微生物的分离与纯化

一、目的与要求

① 了解微生物分离与纯化的基本原理。

② 掌握倒平板的方法和几种常用的分离纯化微生物的基本操作技术。

③ 进一步熟练和掌握微生物无菌操作技术。

④ 掌握微生物培养方法。

二、基本原理

从混杂的微生物群体中获得只含有某一种或某一株微生物的过程称为微生物的分离与纯化。这一过程包括两方面内容：分离、纯化。一方面是分离：一般是根据微生物对营养、pH值、氧气等条件的要求不同，给它们提供适宜的生活条件，或加入某些抑制剂只利于该菌种生长，不利于其他菌种生长，从而淘汰不需要的菌种。另一方面是纯化：微生物在固体培养基生长形成的单个菌落可以是一个细胞繁殖而成的集合体，因此可通过挑取单菌落而获得一种纯培养。获得单个菌落的方法通常有稀释涂布平板法、稀释倒平板法、亨盖特稀释滚管法、平板划线法等。好氧或兼性厌氧菌一般用稀释涂布平板法、稀释倒平板法、平板划线法等，严格厌氧菌一般用亨盖特稀释滚管法。从微生物群体中经分离生长在平板上的单个菌落并不一定保证是纯培养。因此，获得纯培养菌株主要通过两方面确定：①菌落观察特征；②显微镜检测个体形态特征。有些微生物的纯培养要经过一系列分离与纯化过程和多种特征鉴定才能得到。

土壤是微生物生活的大本营，所含微生物的种类和数量都极为丰富。因此土壤是微生物多样性的重要场所，也是发掘微生物资源的重要基地，可以从中分离、纯化得到许多有价值的菌株。

三、实验材料与用具

① 样品：土壤。

② 培养基：牛肉膏蛋白胨琼脂培养基、马丁氏琼脂培养基、高氏I号培养基。

③ 仪器及用具：超净工作台、接种环、涂布棒、10%酚、链霉素溶液、盛9mL无菌水的试管、盛90mL无菌水并带有玻璃珠的三角烧瓶、无菌培养皿。

四、实验步骤

1. 稀释涂布平板法

（1）倒平板

将牛肉膏蛋白胨琼脂培养基、高氏I号琼脂培养基、马丁氏琼脂培养基加热熔化待冷至 50~60℃时，高氏Ⅰ号琼脂培养基中加入 10％酚数滴，马丁氏培养中加入链霉素溶液（终浓度为 30μg/mL），混合均匀后分别倒平板，每种培养基倒三皿。

手持法倒平板［见图 11-1(a)］：左手持盛培养基的试管或三角瓶置火焰旁边，用右手将试管塞或瓶塞轻轻地拨出，试管或瓶口保持对着火焰；然后用右手手掌边缘或小指与无名指夹住管（瓶）塞（也可以将试管塞或瓶塞放在左手边缘或小指与无名指之间夹住。如果试管内或三角瓶内的培养基一次用完，管塞或瓶塞则不必夹在手中）。在火焰旁边将斜握在左手中的三角瓶迅速移交给右手，然后左手拿一套培养皿，用中指、无名指和小指托住培养皿底部，以食指为轴用大拇指将皿盖在火焰附近打开一缝，迅速倒入培养基 15~20mL，加盖后轻轻摇动培养皿，使培养基均匀分布。

皿加法倒平板［见图 11-1(b)］：右手持盛培养基的三角瓶置火焰旁，试管或瓶口保持对着火焰；然后用左手手掌边缘或小指与无名指夹住并拔出瓶塞。左手将皿盖在火焰附近打开一条缝，迅速倒入培养基，移至水平位置处冷凝，依次倒好剩下的培养皿即可。

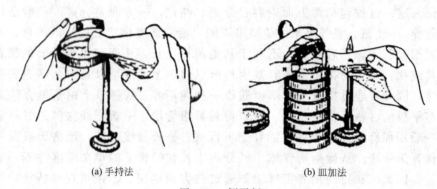

(a) 手持法　　　　　　　　　(b) 皿加法

图 11-1　倒平板

（2）制备土壤稀释液

称取土样 10g，放入盛 90mL 无菌水并带有玻璃珠的三角烧瓶中，振摇约 20min，使土样与水充分混合，将细胞分散。用一支 1mL 无菌吸管从中吸取 1mL 土壤悬液加入盛有 9mL 无菌水的大试管中充分混匀，然后用无菌吸管从此试管中吸取 1mL（无菌操作见图 11-2）加入另一盛有 9mL 无菌水的试管中，混合均匀，以此类推制成 10^{-1}、10^{-2}、10^{-3}、10^{-4}、10^{-5}、10^{-6} 不同稀释度的土壤溶液。注意：操作时管尖不能接触液面，每一个稀释度换一支试管。

（3）涂布

将上述每种培养基的三个平板底面分别用记号笔写上 10^{-4}、10^{-5} 和 10^{-6} 三种稀释度，然后用无菌吸管分别由 10^{-4}、10^{-5} 和 10^{-6} 三管土壤稀释液中各吸取 0.1mL 或 0.2mL，小心地滴在对应平板培养基表面中央位置。右手拿无菌涂棒平放在平板培养基表面上，将菌悬液先沿同心圆方向轻轻地向外扩展，使之分布均匀（见图 11-3）。室温下静置 5~10min，使菌液浸入培养基。

（4）培养

将高氏Ⅰ号培养基平板和马丁氏培养基平板倒置于 28℃温室中培养 3~5d，牛肉膏

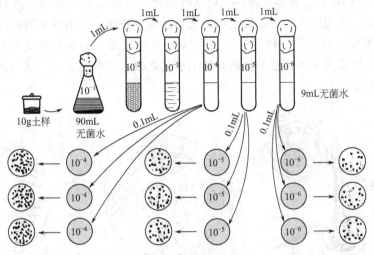

图 11-2 土壤溶液稀释

图 11-3 涂布平板

蛋白胨平板倒置于 37℃温室中培养 24～48h。

（5）挑菌落

将培养后长出的单个菌落分别挑取少许细胞接种到上述三种培养基斜面上，分别置 28℃和 37℃温室培养。若发现有杂菌，需再一次进行分离、纯化，直到获得纯培养。

2. 平板划线分离法

（1）倒平板

按稀释涂布平板法倒平板，并用记号笔标明培养基名称、土样编号和实验日期。

（2）平板划线

在近火焰处，左手拿皿底，右手拿接种环，挑取上述 10^{-1} 的土壤悬液一环在平板上划线 [见图 11-4(a)]。划线的方法很多，但无论采用哪种方法，其目的都是通过划线将样品在平板上进行稀释，使之形成单个菌落。常用的划线方法有下列两种：①用接种环以无菌操作挑取土壤悬液一环，先在平板培养基的一边作第一次平行划线 3～4 条，再转动培养皿约 70°角，并将接种环上剩余物烧掉，待冷却后通过第一次划线部分作第二次平行划线，再用同样的方法通过第二次划线部分作第三次划线和通过第三次平行划线部分作第四次平行划线。划线完毕后，盖上培养皿盖，倒置培养［见图 11-4(b)］；②无菌挑取土壤悬液一环，在平板培养基上连续划线，划线完成后，盖上培养皿盖，倒置培养［见图 11-4(c)］。

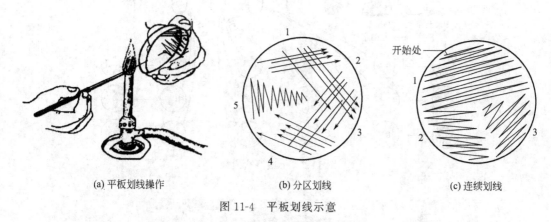

(a) 平板划线操作 (b) 分区划线 (c) 连续划线

图 11-4 平板划线示意

（3）挑菌落

同稀释涂布平板法，一直到分离的微生物纯化为止。

3. 稀释倒平板法

（1）制备土壤稀释液：同稀释涂布平板法。

（2）加样

平板底面分别用记号笔写上 10^{-4}、10^{-5} 和 10^{-6} 三种稀释浓度和三种培养基名称，然后用无菌吸管分别由 10^{-4}、10^{-5} 和 10^{-6} 三管土壤稀释液中各吸取 1mL，小心地滴在对应平板培养基表面中央位置

（3）倒平板

根据培养皿的标记，分别对应加入已加热熔化待冷至 $50\sim60$℃牛肉膏蛋白胨琼脂培养基、高氏Ⅰ号琼脂培养基、马丁氏琼脂培养基 $15\sim20$mL，与土壤稀释液混合均匀，待凝固。

（4）培养

同稀释涂布平板法。

（5）挑菌落

同稀释涂布平板法，一直到分离的微生物纯化为止。

五、注意事项

① 培养基要趁热流动性很好时就倒，否则容易导致平板不匀。培养基不要太薄也不要太厚。倒完以后冷却过程中要放平。整个过程需要无菌。

② 倒平板时，培养基温度不宜过高（$50\sim60$℃为宜），否则在平皿内易形成较多冷凝水，不利于单菌落的形成。

③ 在进行无菌操作时，要先用 75％酒精擦拭双手，待双手酒精挥发干后才能点燃

酒精灯。

④ 在土壤稀释分离操作中，每稀释 10 倍，最好更换一次移液管，使计数准确。

六、实验报告

实验结果：所做涂布平板法和划线法是否较好地得到了单菌落？如果不是，请分析其原因。

七、思考题

① 在三种不同的平板上你分离得到哪些类群的微生物？简述它们的菌落特征。

② 为什么要把培养皿倒置培养？

③ 接种前和接种后为什么要灼烧接种环？

④ 为什么要待接种环冷却后才能用其与菌种接触？是否可以将接种环放在台子上待其冷却？你怎样才能知道它是否已经冷却？

附：微生物的接种技术

将微生物的培养物或含有微生物的样品移植到培养基上的操作技术称之为接种。接种是微生物实验及科学研究中的一项最基本的操作技术。无论微生物的分离、培养、纯化或鉴定以及有关微生物的形态观察及生理研究都必须进行接种。接种的关键是要严格进行无菌操作，如操作不慎引起污染，则实验结果就不可靠，影响下一步工作的进行。

1. 斜面接种法

斜面接种法主要用于接种纯菌，使其增殖后用以鉴定或保存菌种。通常先从平板培养基上挑取分离的单个菌落，或挑取斜面肉汤中的纯培养物接种到斜面培养基上。操作应在无菌室、接种柜或超净工作台上进行，先点燃酒精灯。

将菌种斜面培养基（简称菌种管）与待接种的新鲜斜面培养基（简称接种管）持在左手拇指、食指、中指及无名指之间，菌种管在前，接种管在后，斜面向上管口对齐，应斜持试管呈 $45°\sim50°$，并能清楚地看到两个试管的斜面，注意不要持成水平，以免管底凝集水浸湿培养基表面。以右手在火焰旁转动两管棉塞，使其松动，以便接种时易于取出。右手持接种环柄，将接种环垂直放在火焰上灼烧。镍铬丝部分（环和丝）必须烧红，以达到灭菌目的，然后将除手柄部分的金属杆全用火焰灼烧一遍，尤其是接镍铬丝的螺口部分，要彻底灼烧以免灭菌不彻底。用右手的小指和手掌之间及无名指和小指之间拨出试管棉塞，将试管口在火焰上通过，以杀灭可能沾污的微生物。棉塞应始终夹在手中，如掉落应更换无菌棉塞。将灼烧灭菌的接种环插入菌种管内，先接触无菌苔生长的培养基上，待冷却后再从斜面上刮取少许菌落取出，接种环不能通过火焰，应在火焰旁迅速插入接种管。在试管中由下往上做 S 形划线（见图 11-5）。

接种完毕，接种环应通过火焰抽出管口，并迅速塞上棉塞。再重新仔细灼烧接种环后，放回原处，并塞紧棉塞。将接种管贴好标签或用玻璃铅笔划好标记后再放入试管架，即可进行培养。

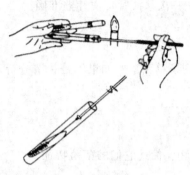

图 11-5　斜面接种示意图

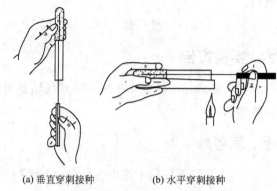

(a) 垂直穿刺接种　　(b) 水平穿刺接种

图 11-6　穿刺接种示意图

2. 穿刺接种法

主要用于检测细菌有无动力，具体操作方法如下。

按上述方法持菌种管和半固体试管，接种针灭菌并取菌，将沾有细菌的接种针从半固体琼脂中心垂直刺入至底部约 0.5cm 处，然后循原路退出（见图 11-6）。管口灭菌后塞上棉塞，作好标记，送至 37℃ 培养 24h 后观察结果。

3. 液体培养基接种法

液体培养基接种法是将细菌接至液体培养基进行增菌培养或发酵的接种方法。具体操作方法：按斜面接种法中的方法持菌种管，接种环灭菌、取菌，将沾有细菌的接种环伸进试管，试管稍倾斜，先将接种环上的细菌在挨着液面的试管内壁上轻轻研磨，然后直立试管，细菌即进入液体培养基中。管口灭菌后塞上棉塞，作好标记，送至 37℃ 培养 24h 后观察结果。

4. 平板涂布法

见实验步骤。

实验十二　细菌的生理生化

一、目的与要求

① 学习和掌握细菌鉴定中常用的主要生理生化反应实验法及原理。

② 了解生理生化反应在细菌鉴定中的重要作用。

二、基本原理

1. 糖（醇）类发酵试验

不同的细菌含有发酵不同糖（醇）的酶，因而发酵糖（醇）的能力各不相同。其产生的代谢产物亦不相同，如有的产酸产气，有的产酸不产气。酸的产生可利用指示剂来判定。在配制培养基时预先加入溴甲酚紫〔pH＝5.2（黄色）—pH＝6.8（紫色）〕指示剂，当发酵产酸时，可使培养基由紫色变为黄色。气体产生可由发酵管中倒置的杜氏小管中有无气泡来证明。

2. 甲基红（MR）试验

很多细菌，如大肠杆菌等分解葡萄糖产生丙酮酸，丙酮酸再被分解，产生甲酸、乙酸、乳酸等，使培养基的 pH 值降低到 4.2 以下，这时若加甲基红指示剂呈现红色。因甲基红指示剂变色范围是 pH＝4.4（红色）—pH＝6.2（黄色），若某些细菌如产气杆菌，分解葡萄糖产生丙酮酸，但很快将丙酮酸脱羧，转化成醇等物，则培养基的 pH 值仍在 6.2 以上，故此时加入甲基红指示剂，呈现黄色。

3. 靛基质（吲哚）试验

某些细菌，如大肠杆菌，能分解蛋白质中的色氨酸，产生靛基质（吲哚），靛基质与对二甲基氨基苯甲醛结合，形成玫瑰色靛基质。

4. 伏-普（V.P.）试验

某些细菌在糖代谢过程中，分解葡萄糖产生丙酮酸，丙酮酸脱羧通过缩合和脱羧后转变成乙酰甲基甲醇（亦称三羟基丁酮），然后被还原为 2,3-丁二醇，乙酰甲基甲醇在碱性条件下，被空气中的氧气氧化成为二乙酰，二乙酰再与蛋白胨中的精氨酸的胍基起作用生成红色化合物。在试管中加入 α-萘酚时，可促进反应进行。

5. 柠檬酸盐利用试验

有些细菌如产气杆菌，能利用柠檬酸钠为碳源，因此能在柠檬酸盐培养基上生长，并分解柠檬酸盐后产生碳酸盐，使培养基变为碱性。此时培养基中的溴麝香草酚蓝指示剂由绿色变为深蓝色。不能利用柠檬酸盐为碳源的细菌，在该培养基上不生长，培养基不变色。

6. 硫化氢试验

某些细菌能分解含硫的氨基酸（肌氨酸、半肌氨酸等），产生硫化氢，硫化氢与培养基中的铅盐或铁盐反应，形成黑色沉淀硫化铅或硫化铁。

三、实验材料与用具

① 菌种：大肠杆菌（*Escherichia coli*）、产气肠杆菌（*Enterobacter aerogenes*）、普通变形杆菌（*Proteus vulgaris*）。

② 培养基及试剂：葡萄糖发酵培养基和乳糖发酵培养基、葡萄糖蛋白胨液体培养基、蛋白胨液体培养基、醋酸铅培养基、柠檬酸盐斜面培养基、甲基红指示剂、溴甲酚紫指示剂、40％KOH、V-P试剂、5％ α-萘酚、乙醚、吲哚试剂、溴麝香草酚蓝指示剂。

③ 仪器及用具：恒温培养箱、恒温水浴箱、高压蒸汽灭菌锅、超净工作台、酒精灯、接种环、试管、试管架、移液管、杜氏小管、滴管、记号笔。

四、实验步骤

1. 糖（醇）类发酵试验

① 编号　在各试管上分别标明发酵培养基名称和所接种的菌名。

② 接种培养　取葡萄糖发酵培养基3支，分别接种大肠杆菌、普通变形杆菌，第3支不接种，作为对照。另取3支乳糖发酵培养基，分别接种大肠杆菌、普通变形杆菌，第3支不接种，作为对照。将已接种好的培养基置37℃温箱中培养24h。

③ 观察结果　被检细菌若能发酵培养基中的糖时，则使培养基的pH值降低，这时培养基中的指示剂呈酸性反应（为黄色），若发酵培养基中的糖产酸产气，则培养基不仅显酸色反应，并且在培养基中倒置的小玻璃管（杜氏小管）中有气体。气体占整个倒置小玻管的10％以上。若被检细菌不分解培养基中的糖，则培养基不发生变化。

2. 甲基红试验（MR试验）

① 编号　在各试管上分别标明发酵培养基名称和所接种的菌名。

② 接种培养　将大肠杆菌和产气杆菌分别接种到葡萄糖蛋白胨水培养基中，37℃培养48h。

③ 观察结果　加甲基红指示剂数滴，观察结果，呈现红色者为阳性，呈现黄色者为阴性。

3. 靛基质（吲哚）试验

① 编号　在各试管上分别标明发酵培养基名称和所接种的菌名。

② 接种培养　将大肠杆菌和产气杆菌分别接种到两支蛋白胨液体培养基中，37℃培养48h。

③ 观察结果　培养48h后在培养物内滴加3～4滴乙醚，摇动试管，静置1min，待乙醚上升至液体表面后，沿试管壁滴加2滴吲哚试剂，在乙醚和培养物之间产生红色环状物的为阳性反应。

4. 伏-普（V.P.）试验

① 编号　在各试管上分别标明发酵培养基名称和所接种的菌名。

② 接种培养　将大肠杆菌和产气杆菌分别接种到葡萄糖蛋白胨水培养基中，37℃培养 48h。

③ 观察结果　将培养物取出，加入 5～10 滴 40％KOH，然后再加入等量的 5％ α-萘酚，用力振荡，为加快反应速度，可放入 37℃温箱中保温 30min。培养物呈现红色为阳性。

5. 柠檬酸盐利用试验

① 编号　在各试管上分别标明发酵培养基名称和所接种的菌名。

② 接种培养　将大肠杆菌和产气杆菌分别接种到柠檬酸盐培养基上，37℃培养 48h。

③ 观察结果　培养基变深蓝色者为阳性。培养基不变色者为阴性。

6. 硫化氢试验

① 编号　在各试管上分别标明发酵培养基名称和所接种的菌名。

② 接种培养　将大肠杆菌和产气杆菌用接种针穿刺接种到醋酸铅培养基中，37℃培养 48h。

③ 观察结果　若有黑色出现者为阳性。

五、注意事项

① 糖类发酵试验接种时，注意防止试管内倒置的杜氏小管进入气泡。装有杜氏小管的糖类发酵培养基在灭菌时，否则容易造成产气假象。

② 甲基红试验（MR 试验）时，甲基红试剂不能添加太多，否则容易出现假阳性。

③ 靛基质（吲哚）试验结果观察时，吲哚试剂需沿试管壁缓慢加入，否则不容易观察到红色环状物。

④ 伏-普（V.P.）试验时，加入试剂后需振荡试管。

⑤ 柠檬酸盐利用试验，培养基的 pH 值不宜太高，以浅绿色为宜。

六、实验报告

1. 糖发酵试验结果

将糖发酵试验结果填入表 12-1，分别用产酸产气、产酸不产气、不产酸不产气表示。

表 12-1　糖发酵试验结果

糖类发酵	大肠杆菌	普通变形杆菌	对照
葡萄糖发酵			
乳糖发酵			

2. 其他试验结果

将其他试验结果填入表 12-2，以"＋"代表阳性，"－"代表阴性。

表 12-2　其他试验结果

菌名	IMViC 试验				硫化氢试验
	吲哚试验	甲基红试验	伏普试验	柠檬酸盐试验	
大肠杆菌					
产气肠杆菌					
对照					

七、思考题

① 讨论 IMViC 试验在医学检验上有何意义。

② 为什么要做对照试验。

实验十三　物理、化学因素对微生物生长的影响

一、目的与要求

① 了解温度、渗透压、pH 值和化学消毒药对微生物的作用及其试验方法。
② 了解紫外线杀菌对微生物的原理和作用特点。

二、基本原理

微生物和所有其他生物一样，在生命活动过程中需要一定的生活条件，包括营养、温度、pH 值、渗透压等。只有当外界环境条件适宜时，微生物才能很好地生长发育，如环境条件变得不适应时，微生物的生长发育就要受到抑制，甚至死亡。

1. 温度对微生物的影响

微生物生长需要一定的温度条件，不同的微生物，各有其不同的生长温度范围。在生长温度范围内有最高、最适、最低三种生长温度。如果超过最低和最高生长温度时，微生物均不能生长，或处于休眠状态，甚至死亡。

2. 紫外线对微生物的影响

紫外线对微生物有明显的致死作用，波长 260nm 左右紫外线具有最高的杀菌效应。紫外线杀菌的原理是细胞中核酸等物质吸收了紫外的能量，破坏了 DNA 的结构，抑制了 DNA 的复制，使细胞发生变异和死亡。紫外线对细菌生长的影响是随着紫外线对微生物照射剂量、照射时间及照射距离的不同，对微生物的生理活动也相应地产生不同的效果。剂量高、时间长、距离短时就易杀死它们，剂量低时间短、距离长时就会有少量个体残存下来。其中一些个体的遗传特性发生变异，可以利用这种特性来进行灭菌和菌种选育工作。紫外线的穿透力弱，即使一薄层黑纸，也能将大部分紫外线滤除。本实验用于证明紫外线的杀菌作用及穿透能力。

3. 渗透压

微生物在等渗溶液中可正常生长繁殖；在高渗溶液中细胞失水，生长受到抑制；在低渗溶液中细胞失水膨胀。因为大多数微生物具有坚硬的细胞壁，细胞一般不会裂解，可以正常生长，但低渗溶液中溶质含量低，在某些情况下也会影响微生物的生长。另一方面，不同类型微生物对渗透压变化的适应能力不尽相同，大多数微生物在 $0.5\% \sim 3\%$ NaCl 浓度条件下生长受到抑制，但某些极端嗜盐菌可在 30％以上 NaCl 浓度条件下正常生长。

4. pH 值

pH 值影响微生物生命活动，不同的微生物要求的最适 pH 值不同。一般来说，细菌和放线菌适合中性或微碱性的 pH 值，而酵母和霉菌则在偏酸的环境中生长。当环境中的 pH 值超过或低于其适合生长的 pH 值范围时，微生物的生长就会受到抑制。因此

可以通过配制不同 pH 值的培养基来培养不同的微生物，或选择性地分离某种微生物，考察微生物对环境的适应能力。

5. 化学消毒药剂对微生物的影响

一些化学药剂对微生物生长有抑制或杀死作用，因此在实验室中及生产上常利用某些化学药剂进行灭菌或消毒。不同化学药剂对不同微生物的杀菌能力并不相同，一种化学药剂对不同微生物的杀菌效果也不一致。化学消毒剂包括有机溶剂、重金属盐、卤族元素、染料、表面活性剂等，有机溶剂、重金属盐可以使蛋白质发生变性失活，碘与酪氨酸不可逆结合使蛋白质发生变性，低浓度染料可以抑制细菌生长，表面活性剂可以改变细胞膜的通透性，也可使蛋白质发生变性。

三、实验材料与用具

① 菌种：大肠杆菌（*Escherichia coli*）、枯草芽孢杆菌（*Bacillus subtilis*）、金黄色葡萄球菌（*Staphylococcus aureus*）、酿酒酵母（*Saccharomyces cerevisiae*）。

② 培养基：0.5%、5%、10% NaCl 浓度的牛肉膏蛋白胨培养基，pH＝4、pH＝7、pH＝9 的牛肉膏蛋白胨培养基。

③ 试剂：2.5%碘酒、75%酒精、0.1%$HgCl_2$、5%石炭酸。

④ 仪器及用具：无菌培养皿、无菌三角玻棒、无菌五角星黑纸、0.6cm 无菌圆形滤纸、镊子、分光光度计、紫外灯。

四、实验步骤

1. 温度的影响

① 取牛肉膏蛋白胨斜面培养基 6 支，贴上标签，注明培养温度等。

② 在无菌操作下，用枯草杆菌、大肠杆菌和金黄色葡萄球菌菌种进行斜面接种。分别放置 30℃、60℃、4℃（冰箱）温度下培养 48h。

③ 观察记录。

2. 紫外线的影响

① 用无菌移液管吸取 0.1mL 金黄色葡萄球菌菌液，采用无菌操作将其加入牛肉膏蛋白胨琼脂培养基培养皿上，用无菌三角玻棒涂均匀。

② 至无菌室内打开皿盖，将黑色无菌五角星纸片放置于平板上，在距离紫外灯的 30cm 处照射 20min，去除黑纸，加上皿盖。

③ 28～30℃温箱中倒置培养 48h 后记录结果。

3. 渗透压的影响

① 取一块牛肉膏蛋白胨琼脂培养基培养皿，将其分成两个区，分别接种划线大肠杆菌和金黄色葡萄球菌。

② 各取一块含 NaCl 浓度为 0.5%、5%、10%的牛肉膏蛋白胨琼脂培养基培养皿，将其分成两个区，分别接种划线大肠杆菌和金黄色葡萄球菌。

③ 37℃培养 24h，观察记录。

4. pH 值的影响

① 按照无菌操作要求，将大肠杆菌、枯草芽孢杆菌、酿酒酵母新鲜斜面培养物分别加入到无菌生理盐水中，并调节菌悬液 OD_{600} 值为 0.05。

② 按照无菌操作要求，将上述三种菌悬液 0.1mL 分别接种到装有 100mL，pH＝4、pH＝7、pH＝9 的牛肉膏蛋白胨液体培养基中，在摇床上 37℃振荡培养 24～48h。

③ 将锥形瓶取出，以未接种的培养基为对照，用 722 型分光光度计测量培养物的 OD_{600} 值，记录结果。

5. 化学消毒药剂的影响

① 每组准备无菌培养皿 2 个，在皿底注明处理方法及菌种名称。

② 取枯草杆菌和金黄色葡萄球菌各 1 支，各注入 4mL 无菌水，以无菌操作用接种环将菌苔刮下，制成菌悬液。用无菌吸管各吸取枯草杆菌和金黄色葡萄球菌 0.2mL 相应的培养皿中。

③ 将已融化冷却至 50℃左右的细菌培养基（不烫手为宜）分别倒入上述的培养皿中、混匀后凝固成平板。

④ 用镊子将滴有两滴 2.5％碘酒、75％酒精、5％石炭酸、0.1％$HgCl_2$ 的小圆形滤纸片，放于每一平板上，盖上皿盖于 28～30℃的温箱中培养 48h 后记录结果。

如果有抑制作用，则滤纸片四周出现无菌生长的抑菌圈，圈的大小可表示消毒剂抑菌的强弱（见图 13-1）。

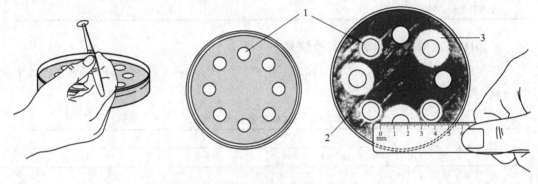

图 13-1　滤纸片法检测药物的杀菌作用
1—滤纸片；2—有菌区；3—抑菌区

五、注意事项

菌液涂布要均匀，滤纸片形状大小一致，放置的滤纸片不要相隔太近，不要在培养基表面拖动滤纸片。

六、实验报告

1. 温度对微生物的影响实验结果

将实验结果填入表 13-1，"－"代表不生长，"＋"代表生长不好，"＋＋"代表生长一般，"＋＋＋"代表生长很好。

表 13-1　温度实验结果记录

温度	大肠杆菌	金黄色葡萄球菌	枯草芽孢杆菌
4℃			
30℃			
60℃			

2. 紫外线对微生物的影响实验结果

将实验结果填入表13-2，"－"代表不生长，"＋"代表生长不好，"＋＋"代表生长一般，"＋＋＋"代表生长很好。

表 13-2　紫外线实验结果记录

菌名	贴黑纸片照射的区域	没贴黑纸片照射的区域
金黄色葡萄球菌		

3. 渗透压对微生物的影响实验结果

将实验结果填入表13-3，"－"代表不生长，"＋"代表生长不好，"＋＋"代表生长一般，"＋＋＋"代表生长很好。

表 13-3　渗透压实验结果记录

菌种	NaCl 浓度		
	0.5％	5％	10％
大肠杆菌			
金黄色葡萄球菌			

4. pH 值对微生物的影响实验结果

将实验结果填入表13-4，"－"代表不生长，"＋"代表生长不好，"＋＋"代表生长一般，"＋＋＋"代表生长很好。

表 13-4　pH 值实验结果记录

菌种	OD_{600}		
	pH＝4	pH＝7	pH＝9
大肠杆菌			
枯草芽孢杆菌			
酿酒酵母			

5. 化学消毒药剂对微生物的影响实验结果

将实验结果填入表13-5，"－"代表不生长，"＋"代表生长不好，"＋＋"代表生长一般，"＋＋＋"代表生长很好。

表 13-5　化学消毒药剂实验结果记录

消毒剂	抑菌圈直径/mm
2.5％碘酒	
75％乙醇	
5％石炭酸	
0.1％$HgCl_2$	

七、思考题

① 高温和低温对微生物生长各有何影响？为什么？

② 紫外线照射时，为什么要除掉皿盖？

③ 简述 $HgCl_2$、碘酒、酒精、石炭酸的抑菌机制。

实验十四　细菌生长曲线的测定

一、目的与要求

① 了解细菌生长曲线特点及测定原理。

② 学习用比浊法测定细菌的生长曲线。

二、基本原理

将少量细菌接种到一定体积的、适合的新鲜培养基中，在适宜的条件下进行培养，定时测定培养液中的生长菌量，以细菌数目的对数作纵坐标，生长时间作横坐标，绘制的曲线叫生长曲线。它反映了单细胞微生物在一定环境条件下于液体培养时所表现出的群体生长规律。依据其生长速率的不同，一般可把生长曲线分为延缓期、对数期、稳定期和衰亡期。测定微生物的数量有多种不同的方法，可根据要求和实验室条件选用。本实验采用比浊法测定，由于细菌悬液的浓度与光密度（OD值）成正比，因此可利用分光光度计测定菌悬液的光密度来推知菌液的浓度，并将所测的OD值与其对应的培养时间作图，即可绘出该菌在一定条件下的生长曲线。

三、实验材料与用具

① 菌种：大肠杆菌（*Escherichia coli*）。

② 培养基：牛肉膏蛋白胨培养基。

③ 仪器及用具：721分光光度计、比色杯、恒温摇床、无菌吸管、试管、三角瓶。

四、实验步骤

1. 种子液制备

取大肠杆菌斜面菌种1支，以无菌操作挑取1环菌苔，接入牛肉膏蛋白胨培养液中，37℃振荡培养16h作种子培养液备用。

2. 标记编号

取盛有50mL无菌肉膏蛋白胨培养液的250mL三角瓶14个，分别编号为0、1、2、3、4、5、6、8、10、12、14、16、18、20h。还有1个编号为空白对照。

3. 接种培养

用1mL无菌吸管分别准确吸取1mL种子液加入已编号的14个三角瓶中，于37℃下振荡培养。然后分别按对应时间将三角瓶取出，立即放冰箱中贮存，待培养结束时一同测定OD值。

4. 生长量测定

将未接种的牛肉膏蛋白胨培养基倾倒入比色杯中，选用600nm波长在分光光度计上调节零点，作为空白对照，并对不同时间培养液从 0h 起依次进行测定，对浓度大的菌悬液用未接种的牛肉膏蛋白胨液体培养基适当稀释后测定，使其 OD 值在 0.10～0.65 以内。

五、注意事项

① 采用对数期的培养物作为菌种。
② 分光光度计调零用的溶液要与测定液一致。

六、实验报告

① 将测定的 OD_{600} 值填入表 14-1。

表 14-1　测定结果

时间/h	0	1	2	3	4	6	8	10	12	14	16	18	20	对照
光密度值（OD_{600}）														

② 绘制曲线
以上述表格中的时间为横坐标，OD_{600} 值为纵坐标，绘制大肠杆菌的生长曲线。

七、思考题

① 测定和绘制细菌的生长曲线对科学研究和发酵生产有何指导意义？
② 若同时用平板计数法测定，所绘出的生长曲线与用比浊法测定绘出的生长曲线有何差异？为什么？

实验十五　微生物菌种保藏

一、目的与要求

了解菌种常规保藏方法的基本原理，掌握几种常用的菌种保藏方法。

二、基本原理

菌种是一种重要的生物资源，菌种保藏主要是根据微生物生理生化特点，人工创造条件，使微生物代谢处于不活泼、生长繁殖受抑制的休眠状态，即采取低温、干燥、缺氧 3 个条件，使菌种暂时处于休眠状态，其遗传物质自然会更加稳定。因此微生物的性状在这种条件下保持稳定，达到维持种系稳定的目的。依据不同的菌种或不同的需求，应该选用不同的保藏方法。一般情况下，斜面保藏、半固体穿刺、石蜡油封存和砂土管保藏法较为常用，也比较容易制作。

三、实验材料与用具

① 菌种：细菌、酵母菌、放线菌和霉菌。

② 培养基：牛肉膏蛋白胨培养基斜面（培养细菌）、麦芽汁培养基斜面（培养酵母菌）、高氏 1 号培养基斜面（培养放线菌）、马铃薯蔗糖培养基斜面（培养丝状真菌）。

③ 溶液或试剂：无菌水、液体石蜡、P_2O_5、脱脂奶、10％HCl、干冰、95％乙醇、50％甘油。

④ 仪器或其他用具：无菌吸管、无菌滴管、无菌培养皿、安瓿瓶、冻干管、40 目与 100 目筛子、油纸、滤纸条、冷冻真空干燥装置、喷灯、L 形五通管、冰箱、低温冰箱（−30℃）、超低温冰箱、瘦黄土（有机物含量少的黄土）、食盐、河沙。

四、实验步骤

1. 斜面法

① 贴标签　取各种无菌斜面试管数支，将注有菌株名称和接种日期的标签贴上，贴在试管斜面的正上方，距试管口 2～3cm 处。

② 斜面接种　将待保藏的菌种用接种环以无菌操作法移接至相应的试管斜面上，细菌和酵母菌宜采用对数生长期的细胞，而放线菌和丝状真菌宜采用成熟的孢子。

③ 培养　细菌 37℃恒温培养 18～24h，酵母菌于 28～30℃培养 36～60h，放线菌和丝状真菌置于 28℃培养 4～7d。

④ 保藏　斜面长好后，可直接放入 4℃冰箱保藏。为防止棉塞受潮长杂菌，管口棉花应用牛皮纸包扎，或换上无菌胶塞，亦可用熔化的固体石蜡熔封棉塞或胶塞。

保藏时间依微生物的种类各异。霉菌、放线菌及有芽孢的细菌保藏 2～4 个月移种一次；普通细菌最好每月移种一次；假单胞菌 2 周传代一次；酵母菌间隔两个月。此法操作简单，使用方便，不需特殊设备，能随时检查所保藏的菌株是否死亡、变异与污染杂菌等。缺点是保藏时间短，需定期传代，且易被污染，菌种的主要特性容易改变。

2. 液体石蜡法

① 液体石蜡灭菌　将液体石蜡分装于 250mL 三角瓶中，塞上棉塞并用牛皮纸包扎，121℃灭菌 30min，然后放在 40℃恒温箱中使水汽蒸发后备用。

② 接种培养　同斜面传代保藏法。

③ 加液体石蜡　用无菌滴管吸取液体石蜡以无菌操作加到已长好的菌种斜面上，加入量以高出斜面顶端约 1cm 为宜。

④ 保藏　棉塞外包牛皮纸，将试管直立放置于 4℃冰箱中保存。

⑤ 恢复培养　用接种环从液体石蜡下挑取少量菌种，在试管壁上轻靠几下，尽量使石蜡油滴净，再接种于新鲜培养基中培养。由于菌体表面粘有液体石蜡，生长较慢且有黏性，故一般须转接 2 次才能获得良好菌种。

此法实用而且效果较好。产孢子的霉菌、放线菌、芽孢菌可保藏 2 年以上，有些酵母菌可保藏 1～2 年，一般无芽孢细菌也可保藏 1 年左右，甚至用一般方法很难保藏的脑膜炎球菌在 37℃温箱内亦可保藏 3 个月之久。此法的优点是制作简单，不需特殊设备，且不需经常移种。缺点是保存时必须直立放置，所占位置较大，同时也不便携带。

3. 甘油管冷冻保藏法

① 用火焰灭菌的接种环取斜面菌种在平皿上划线分离单菌落。

② 平皿倒置于 30℃或 37℃恒温培养箱，培养 24～48h，至单菌落的大小为 3mm 左右。

③ 挑取一个单菌落，接种于一个装 50mL LB 培养基的 300mL 三角瓶中 30℃或 37℃振荡培养 10～15h，至菌密度 OD_{600} 为 1.0～1.5。

④ 用火焰灭菌的接种环取少量种子液，涂片后，作革兰氏染色，在显微镜下观察菌体的形态，及是否有杂菌。

⑤ 按 50%甘油∶种子液为 1∶1（体积分数）的量加入至事先灭菌的菌种保存管（1～2mL/管），-70℃或液氮保存。

4. 砂土管法

① 河沙处理　取河沙若干加入 10% HCl，加热煮沸 30min 除去有机质，倒去盐酸溶液，用自来水冲洗至中性，最后一次用蒸馏水冲洗，烘干后用 40 目筛子过筛，弃用粗颗粒，备用。

② 土壤处理　取非耕作层不含腐殖质的瘦黄土或红土，加自来水浸泡洗涤数次，直至中性。烘干后碾碎，用 100 目筛子过筛，粗颗粒部分丢掉。

③ 沙土混合　处理妥当的沙土与土壤按 3∶1 的比例掺合（或根据需要而定比例，指可全部做沙或土）均匀后，装入小试管或安瓿管中，每管分装 1g，塞上棉塞，进行灭菌（通长采用间歇灭菌 2～3 次），最后烘干。

④ 无菌检查　每 10 支沙土管随机抽一支，将沙土倒入肉汤培养基中，30℃培养 40h，若发现有微生物生长，则所有沙土管需重新灭菌，再做无菌试验，直至证明无菌后方可使用。

⑤ 菌悬液的制备 取生长健壮的新鲜斜面菌种，加入 2～3mL 无菌水（每 18×180mm 的试管斜面接种），用接种环轻轻将菌苔洗下，制成菌悬液。

⑥ 分装样品 每支沙土管（注明标记后）加入 0.5mL 菌悬液（刚刚使沙土湿润为宜），用接种针拌匀。

⑦ 干燥 将装有菌悬液的沙土管放入干燥管内，干燥器底部盛有干燥剂。用真空泵抽干水分后火焰封口（也可用橡皮塞塞住试管口）。

⑧ 保存 置 4℃ 冰箱或室温干燥处，每隔一定的时间检测。

此法多用于产芽孢的细菌、产生孢子的霉菌和放线菌。在抗生素生产工业中应用广泛、效果较好，可保存几年时间，但对营养细胞效果不佳。

5. 冷冻真空干燥法

① 准备安瓿管 选用内径 5mm，长 10.5cm 的硬质玻璃试管，用 10% HCl 浸泡 8～10h 后用自来水冲洗多次，最后用去离子水洗 1～2 次，烘干，将印有菌名和接种日期的标签放人安瓿管内，有字的一面朝向管壁。管口加棉塞，121℃灭菌 30min。

② 制备脱脂牛奶 将脱脂奶粉配成 20% 乳液，然后分装，121℃灭菌 30min，并作无菌试验。

③ 准备菌种 选用无污染的纯菌种，培养时间，一般细菌为 24～48h，酵母菌为 3d，放线菌与丝状真菌 7～10d。

④ 制备菌液及分装 吸取 3mL 无菌牛奶直接加入斜面菌种管中，用接种环轻轻搅动菌落，再用手摇动试管，制成均匀的细胞或孢子悬液。用无菌长滴管将菌液分装于安瓿管底部，每管装 0.2mL。

⑤ 预冻 将安瓿管外的棉花剪去并将棉塞向里推至离管口约 15mm 处，再通过乳胶管把安瓿管连接于总管的侧管上，总管则通过厚壁橡皮管及三通短管与真空表及干燥瓶、真空泵相连接，并将所有安瓿管浸入装有干冰和 95% 乙醇的预冷槽中，（此时槽内温度可达 −40～−50℃），只需冷冻 1h 左右，即可使悬液冻结成固体。

⑥ 真空干燥 完成预冻后，升高总管使安瓿管仅底部与冰面接触，（此处温度约 −10℃），以保持安瓿管内的悬液仍呈固体状态。开启真空泵后，应在 5～15min 内使真空度达 66.7Pa 以下，使被冻结的悬液开始升华，当真空度达到 26.7～13.3Pa 时，冻结样品逐渐被干燥成白色片状，此时使安瓿管脱离冰浴，在室温下（25～30℃）继续干燥（管内温度不超过 30℃），升温可加速样品中残余水分的蒸发。总干燥时间应根据安瓿管的数量，悬浮液装量及保持剂性质来定，一般 3～4h 即可。

⑦ 封口样品 干燥后继续抽真空达 1.33Pa 时，在安瓿管棉塞的稍下部位用酒精喷灯火焰灼烧，拉成细颈并熔封，然后置 4℃ 冰箱内保藏。

⑧ 恢复培养 取用冻干管时，先用 75% 乙醇将冻干管外壁擦干净，再用砂轮或锉刀在冻干管上端画一小痕迹，然后将所画之处向外，两手握住冻干管的上下两端稍向外用力便可打开冻干管，或将冻干管近口烧热，在热处滴几滴水，使之破裂，再用镊子敲开。再用无菌的长颈滴管吸取菌液至合适培养基中，放置在最适温度下培养。

冷冻干燥保藏法综合利用了各种有利于菌种保藏的因素（低温、干燥和缺氧等），是目前最有效的菌种保藏方法之一。保存时间可长达 10 年以上。

五、注意事项

① 从液体石蜡封藏的菌种管中挑菌后，接种环上带有石蜡油和菌，故接种环在火焰上灭菌时要先在火焰边烤干再直接灼烧，以免菌液四溅，引起污染。

② 50％甘油母液要多灭几次，因为甘油对细菌有很好的保护作用，所以灭菌除杂时也就相对难一点，多灭几次可解决。最后的甘油浓度一般 15％～30％，太多不容易冻上，而且如有质粒也有可能导致质粒丢失（有质粒时甘油浓度尽量低一些）。

③ 在真空干燥过程中安瓿管内样品应保持冻结状态，以防止抽真空时样品产生泡沫而外溢。

④ 熔封安瓿管时注意火焰大小要适中，封口处灼烧要均匀，若火焰过大，封口处易弯斜，冷却后易出现裂缝而造成漏气。

六、实验报告

① 简述真空冷冻干燥保藏菌种的原理。
② 菌种保藏中，石蜡油的作用是什么？
③ 经常使用的细菌菌株，使用哪种保藏方法比较好？
④ 沙土管法适合保藏哪一类微生物？

七、思考题

根据你自己的实验，谈谈 1～2 种菌种保藏方法的利弊。

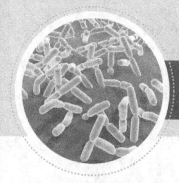

第二篇　综合应用性实验

第一章　微生物学检验

实验十六　水中细菌学检查

一、目的与要求

① 学习水样细菌总数的测定方法。

② 了解水质状况同细菌数量的关系。

二、基本原理

检测水中的细菌数量是评价水质状况的重要指标之一。生活用水的水源常被生活污水或工业废水或人与动物的粪便所污染，可能含有不同类型的微生物，有腐生性的和病原性的。腐生性微生物对人无害，而病原性微生物则能引起传染病的发生。因此必须对生活用水及其水源进行严格的细菌学检查。

水中细菌总数可说明被有机物污染的程度。细菌数越多，有机物质含量越大。肠道中的绝大多数腐生性和致病性的细菌，可在营养丰富的牛肉膏蛋白胨培养基上进行生长，出现肉眼可见的菌落。

细菌总数是指 1mL 水样在牛肉膏蛋白胨琼脂培养基中，经 37℃、24h 培养后，所生长的菌落数。

饮用水一般规定：1mL 自来水中总菌数不得超过 100 个。

三、实验材料与用具

① 培养基：营养琼脂培养基。

② 仪器及用具：无菌采样瓶、无菌移液管、无菌培养皿、无菌空瓶、无菌水、无菌试管。

四、实验步骤

1. 采取水样

① 自来水：将自来水龙头用火焰烧灼 3min 灭菌，再拧开水龙头流水 5min，以排除管道内积存的死水，随后用已灭菌的三角瓶接取水样，以供检测。

② 池水、湖水或河水：将无菌的带玻塞的小口瓶浸入距水面 10～15cm 深的水层中，瓶口朝上，除去瓶塞，待水流入瓶中装满后，盖好瓶塞，取出后立即进行检测，或临时存于冰箱，但不能超过 24h。

2. 水中细菌总数测定

（1）自来水

① 用灭菌吸管吸取 1mL 水样，注入灭菌培养皿中。共做两个平皿。

② 分别倾注约 15mL 已熔化并冷却到 45℃ 左右的牛肉膏蛋白胨琼脂培养基，并立即在桌上做平面旋摇，使水样与培养基充分混匀。

③ 另取一空的灭菌培养皿，倾注牛肉膏蛋白胨琼脂培养基 15mL 作空白对照。

④ 培养基凝固后，倒置于 37℃ 温箱中，培养 24h，进行菌落计数。

⑤ 两个平板的平均菌落数即为 1mL 水样的细菌总数。

（2）池水、河水或湖水等

① 稀释水样　取 3 个灭菌空试管，分别加入 9mL 灭菌水。取 1mL 水样注入第一管 9mL 灭菌水内、摇匀，再自第一管取 1mL 至下一管灭菌水内，如此稀释到第三管，稀释度分别为 10^{-1}、10^{-2} 与 10^{-3}。稀释倍数看水样污浊程度而定，以培养后平板的菌落数在 30～300 个之间的稀释度最为合适，若三个稀释度的菌数均多到无法计数或少到无法计数，则需继续稀释或减小稀释倍数。

一般中等污秽水样，取 10^{-1}、10^{-2}、10^{-3} 三个连续稀释度，污秽严重的取 10^{-2}、10^{-3}、10^{-4} 三个连续稀释度。

② 自最后三个稀释度的试管中各取 1mL 稀释水加入空的灭菌培养皿中，每一稀释度做两个培养皿。

③ 各倾注 15mL 已熔化并冷却至 45℃ 左右的牛肉膏蛋白胨琼脂培养基，立即放在桌上摇匀。

④ 凝固后倒置于 37℃ 培养箱中培养 24h。

3. 菌落计数方法

平皿菌落的计算，可用肉眼观察，必要时用放大镜检查，防止遗漏，也可借助于菌落计数器计数。对长得相当接近，但不相触的菌落，应予以一一计数。对链状菌落，应当作为一个菌落来计算。平皿中若有较大片状菌落时则不宜采用，若片状菌落少于平皿的一半时，而另一半中菌落分布又均匀，则可将其菌落数的 2 倍作为全皿的数目。算出同一稀释度的平均菌落数，供下一步计算时用。

① 首先选择平均菌落数在 30～300 个进行计算。当只有一个稀释度的平均菌落数符合此范围时，即可用它作为平均值乘其稀释倍数（见表 16-1 的例 1）。

② 若有两个稀释度的平均菌落数都在 30～300 之间，则应按两者的比值来决定。若其比例小于 2，应报告两者的平均数；若大于 2，则报告其中较小的数字（见表 16-1 的例 2 和例 3）。

③ 如果所有稀释度的平均菌落数均大于 300，则应按稀释度最高的平均菌落数乘以稀释倍数报告（见表 16-1 的例 4）。

④ 若所有稀释度的平均菌落数均小于 30，则应按稀释度最低的平均菌落数乘以稀释倍数报告（见表 16-1 的例 5）。

⑤ 如果全部稀释度的平均菌落数均不在 30～300 之间，则以最接近 300 或 30 的平均菌落数乘以稀释倍数报告（见表 16-1 的例 6）。

⑥ 菌落计数的报告，菌落在 100 以内时，按实有数报告；大于 100 时，采用二位有效数字，在二位有效数字后面的数值，以四舍五入方法计算，为了缩短数字后面的零数也可用 10 的指数来表示（见表 16-1 的"报告方式"列）。

表 16-1　稀释度选择及菌落报告方式

编号	不同稀释度的平均菌落数			两个稀释度菌落数之比	菌落总数（个/mL）	报告方式（个/mL）
	10^{-1}	10^{-2}	10^{-3}			
1	1360	164	20	—	16400	16000 或 1.6×10^4
2	2760	295	46	1.6	37750	38000 或 3.8×10^4
3	2890	271	60	2.2	27100	27000 或 2.7×10^4
4	无法计数	4651	513	—	513000	510000 或 5.1×10^5
5	27	11	5	—	270	270 或 2.7×10^2
6	无法计数	305	12	—	30500	31000 或 3.1×10^4

五、注意事项

① 注意实验时间安排，水样采集后要求及时进行实验检测，否则需要放置 4℃ 冰箱保存。

② 选择适当的稀释度进行测定，以减少实验误差。

六、实验报告

① 学校各生活区水样中，细菌总数每毫升多少？

② 在湖水（或河水）水样中细菌总数是多少？不同区域取样有无区别，为什么？

七、思考题

① 本实验为什么要选择适当的稀释度？

② 在本实验操作中应该注意什么问题？

实验十七 多管发酵法测定水中大肠菌群

一、目的与要求

① 掌握水中大肠菌群的测定方法。

② 了解大肠菌群的数量在饮水水质检测中的重要性。

二、基本原理

若水源被粪便污染，则有可能也被肠道病原菌污染，然而肠道病原菌在水中容易死亡与变异，因此数量较少，要从中特别是自来水中分离出病原菌常较困难与费时，这样就要找到一个合适的指示菌，此指示菌要求是大量出现在粪便中的非病原菌，并且和水源病原菌相比是较易检出的。

若指示菌在水中不存在或数量很少，则大多数情况也保证没有病原菌。最广泛应用的指示菌是大肠菌群（*coli* form group）。

大肠菌群的定义：一群好氧和兼性厌氧、革兰氏阴性、无芽孢的杆状细菌，并在乳糖培养基中，经 37℃ 24～48h 培养能产酸产气，该菌主要源于人畜粪便，所以常将其作为粪便污染的标志。

根据水中大肠菌群的数目来判断水源是否被粪便所污染，并间接推测水源受肠道病原菌污染的可能性。

我国《生活饮用水卫生标准》GB 5749—2006 中规定生活饮用水中总大肠菌群（MPN/100mL 或 cfu/100mL）、耐热大肠菌群（MPN/100mL 或 cfu/100mL）、大肠埃希氏菌（MPN/100mL 或 cfu/100mL）不得检出，细菌总数每毫升不超过 100 个。

三、实验材料与用具

① 培养基：牛肉膏蛋白胨培养基、乳糖蛋白胨发酵管（内倒置小管）、三倍乳糖蛋白胨发酵管（内倒置小管）、伊红美蓝琼脂培养基。

② 仪器及用具：试管、杜氏小管、无菌空瓶、无菌水、无菌培养皿、移液管。

四、实验步骤

1. 采取水样

同实验十六。

2. 用发酵法检查大肠菌群

（1）自来水：分三个步骤进行检查

① 初发酵试验：在 2 个装有 50mL 三倍乳糖蛋白胨发酵管中，各加入 100mL 水样，在 10 支装有 5mL 三倍乳糖蛋白胨发酵管中，各加入 10mL 水样。混匀后 37℃ 培

养 24h。

②平板分离：经 24h 培养后，将产酸产气及只产酸的发酵管，分别划线接种于伊红美蓝平板上，于 37℃培养 18～24h，将符合下例特征的菌落的一部分，进行涂片、革兰氏染色、镜检。

a. 深紫黑色，具有金属光泽的菌落；

b. 紫黑色，不带或略带金属光泽的菌落；

c. 淡紫红色，中心色较深的菌落。

③复发酵试验：经涂片、染色、镜检为革兰氏阴性无芽孢杆菌时，则挑取该菌落的另一部分，再接种于普通浓度的乳糖蛋白胨发酵管中，每管可接种来自同一发酵管的同类型菌落 1～3 个。37℃培养 24h，结果若产酸产气，即证实有大肠菌群存在。

证实有大肠菌群存在后，再根据发酵试验的阳性管数查表 17-1，即得大肠菌群数。

表 17-1　大肠菌群检数表（饮用水）

10mL 水量的阳性管数	100mL 水量的阳性管数		
	0	1	2
	每升水样中大肠菌群数		
0	<3	4	11
1	3	8	18
2	7	13	27
3	11	18	38
4	14	24	52
5	18	30	70
6	22	36	92
7	27	43	120
8	31	51	161
9	36	60	230
10	40	69	>230

注：接种水样总量 300mL（100mL 2 份，10mL 10 份）。

（2）池水、湖水或河水等

分别取湖水 10^{-2}、10^{-1} 的稀释液及原水样各 1mL，加到装有 10mL 普通乳糖蛋白胨发酵液试管中。另取 10mL 和 100mL 原水样，分别加到装有 5mL 和 50mL 三倍乳糖蛋白胨发酵液的试管中。

以下步骤同上述自来水的平板分离和复发酵试验。

若证实有大肠菌群存在，则根据大肠菌群阳性管数查表 17-2 即得每升水样中的大肠菌群数。

表 17-2　大肠菌群检数表（池水、湖水或河水）

接种水样量(mL)				每升水样中大肠菌群数
100	10	1	0.1	
－	－	－	－	<9
－	－	－	＋	9
－	－	＋	－	9
－	＋	－	－	9.5

接种水样量(mL)				每升水样中
100	10	1	0.1	大肠菌群数
−	−	+	+	18
−	+	−	+	19
−	+	+	−	22
+	−	−	+	23
−	+	+	+	28
+	−	−	+	92
+	−	+	−	94
+	−	+	+	180
+	+	−	−	230
+	+	−	+	960
+	+	+	−	2338
+	+	+	+	>2380

注：接种水样总量 111.1mL（100mL、10mL、1mL、0.1mL 各 1 份）。

五、注意事项

① 认真配制不同类型培养基。检测中应合理控制所加的水样量。

② 多管发酵法中水样稀释比例要适宜。

③ 挑选菌落时认真选择大肠菌群典型菌落。

六、实验报告

① 学校各生活区水样中，经大肠菌群检查每升水中含多少？水源被污染，出现什么情况？

② 在湖水（或河水）水样中大肠菌群数是多少？不同区域取样有无区别，为什么？

七、思考题

① 大肠菌群的定义是什么？

② 大肠菌群中的细菌种类一般并非是病原菌，为什么要选大肠菌群作为水源被污染的指标？

③ 伊红美蓝培养基中的哪些成分有助于鉴别大肠杆菌？

④ 假如水中有大量的致病菌——霍乱弧菌，用多管发酵技术检查大肠菌群，能否得到阴性结果？为什么？

实验十八 食品中大肠菌群的测定

一、目的与要求

① 了解大肠菌群在食品卫生检验中的意义。
② 学习并掌握大肠菌群的 MPN 检验方法。
③ 学习并掌握大肠菌群的平板计数法。

二、基本原理

本实验参照 GB 4789.3—2010《食品安全国家标准 食品 微生物学检验 大肠菌群计数》检测，大肠菌群 coliforms 是指在一定培养条件下能发酵乳糖、产酸产气的需氧和兼性厌氧革兰氏阴性无芽孢杆菌。现行国家标准有最可能数（most probable number，MPN）和平板计数法。最可能数（most probable number，MPN）是基于泊松分布的一种间接计数方法。

食品的微生物学指标主要包括菌落总数、大肠菌群和致病菌等三个项目。其中菌落总数和大肠菌群是最重要、最常检的检验项目。检测食品中的菌落总数，可以了解食品在生产中，从原料加工到成品包装受外界污染的情况，从而反映食品的卫生质量。一般来说，菌落总数越多，说明食品的卫生质量越差，遭受病原菌污染的可能性越大。而菌落总数仅少量存在时，病原菌污染的可能性就会降低或者几乎不存在。

因此，菌落总数的测定对评价食品的新鲜度和卫生质量有着一定的卫生指标的作用，但不能单凭此一项指标来判定食品的卫生质量，还必须配合大肠菌群和致病菌的检验，才能作出比较全面、准确的评价。大肠菌群是肠道最普遍存在和数量最多的一群。食品中若有大肠菌群存在，也会影响人的健康。

大肠菌群的测定意义：粪便污染的指标菌，在粪便中数量最大；在外环境中存活的时间与致病菌大体相同；检测方法简便容易。①判断食品中否受到粪便污染。②有利于控制肠道传染病的发生和流行。③有利于控制食品在生产加工、运输、保存等过程中的卫生状况。

三、实验材料与用具

① 菌种：大肠杆菌（Escherichia coli）。
② 培养基和试剂：月桂基硫酸盐胰蛋白胨（Lauryl Sulfate Tryptose，LST）肉汤、煌绿乳糖胆盐（Brilliant Green Lactose Bile，BGLB）肉汤、结晶紫中性红胆盐琼脂（Violet Red Bile Agar，VRBA）。

四、实验步骤

1. 最可能数（most probable number，MPN）法检测大肠菌群

（1）样品的稀释

固体和半固体样品：称取 25g 样品，放入盛有 225mL 磷酸盐缓冲液或生理盐水的

无菌均质杯内，8000～10000r/min均质1～2min，或放入盛有225mL磷酸盐缓冲液或生理盐水的无菌均质袋中，用拍击式均质器拍打1～2min，制成1∶10的样品匀液。

液体样品：以无菌吸管吸取25mL样品置于盛有225mL磷酸盐缓冲液或生理盐水的无菌锥形瓶（瓶内预置适当数量的无菌玻璃珠）中，充分混匀，制成1∶10的样品匀液。

① 样品匀液的pH值应在6.5～7.5之间，必要时用1mol/L NaOH或1mol/L HCl调节。

② 食品中大肠菌群的检测程序为每个稀释度接种3管，也可直接用样品接种。

（2）乳糖初发酵试验

其目的在于检查样品中有无发酵乳糖产生气体的细菌。将待检样品选择3个适合浓度接种于月桂基硫酸盐胰蛋白胨肉汤（LST）内，接种量在1mL以上者，用双倍乳糖胆盐发酵管；1mL及1mL以下者，用单倍乳糖胆盐发酵管。每一个稀释度接种3管，置（36±1）℃温箱内，培养（24±2）h，如所有都不产气，则可报告为大肠菌群阴性；如有产气者，则按下列程序进行。

（3）乳糖复发酵试验

其目的在于证明经乳糖初发酵试验呈阳性反应的试管内分离到的革兰氏阴性无芽孢杆菌，的确能发酵乳糖产生气体。用接种环从产气的LST肉汤中接种一环移到煌绿乳糖胆盐（Brilliant Green Lactose Bile，BGLB）肉汤上，置（36±1）℃温箱内培养（24±2）h，观察产气情况。产气为阳性结果。

（4）大肠菌群最可能数（MPN）的报告

统计阳性结果，查MPN检索表报告每100mL（g）食品中存在的大肠菌群的最可能数。查相应食品的国家卫生标准，报告所测样品是否合格。

2. 大肠菌群平板计数法

（1）样品的稀释

见MPN法。

（2）平板计数

① 选取2个至3个适宜的连续稀释度，每个稀释度接种2个无菌平皿，取1mL生理盐水加入无菌平皿做空白对照。

② 将20mL左右的结晶紫中性红胆盐琼脂（VRBA）倾注于每个平皿中，小心旋转平皿，将培养基与样液充分混匀，待琼脂凝固后，再加3～4mL VRBA覆盖平板表层，置（36±1）℃温箱内，培养（24±2）h。

③ 平板菌落数的选择：选取菌落数在15～150cfu之间的平板，分别计数平板上出现的典型和可疑大肠菌群菌落。典型菌落是紫红色，菌落周围红色的胆盐沉淀环，菌落直径为0.5mm或更大。

（3）证实试验

从VRBA平板上挑取10个不同类型的典型和可疑菌落，分别接种于BGLB肉汤管内，置（36±1）℃温箱内，培养24～48h。观察产气情况，若BGLB肉汤产气，即可报告为大肠菌群阳性。

（4）大肠菌群平板计数的报告

经最后证实为大肠菌群阳性的试管比例乘以步骤③中计数的平板菌落数，再乘以稀释倍数，即为每 g（mL）样品中大肠菌群数。

例：10^{-4} 样品稀释液 1mL，在 VRBA 平板上有 100 个典型和可疑菌落，挑取其中 10 个接种 BGLB 肉汤管，证实有 6 个阳性管，则该样品的大肠菌群数为

$$100 \times \frac{6}{10} \times 10^4 = 6.0 \times 10^5 [cfu/g(mL)] \tag{18-1}$$

五、注意事项

① 从制备样品匀液至稀释完毕，全过程不得超过 15min。

② 对产酸但未看到气泡的乳糖发酵，用手轻打动试管，如有气泡沿管壁上浮，应考虑可能有气体产生，应作进一步试验。

③ 挑选菌落进行证实试验时，最少要挑 2 个以上的典型菌落或非典型菌落进行接种。

六、实验报告

1. 将实验结果按表要求如实填入表 18-1

表 18-1　MPN 试验结果记录表

接种量	管号	初发酵反应结果	有无典型菌落	革兰氏染色结果	复发酵反应结果	最后结论（＋或－）
1mL	1					
	2					
	3					
0.1mL	1					
	2					
	3					
0.01mL	1					
	2					
	3					

2. 结果报告

① 根据证实大肠菌群的阳性管数，查 MPN 检索表报告每 100mL（g）食品中存在的大肠菌群的最可能数。查相应食品的国家卫生标准，报告所测样品是否合格。

② 大肠菌群平板计数的报告，记录大肠菌群平板计数，计算出总大肠菌群数目。

七、思考题

① 测定食品、饮料等产品的大肠菌落总数有什么意义？

② 大肠菌群数的检验中，要注意哪些事项？

第二章　功能微生物

实验十九　产蛋白酶枯草芽孢杆菌的筛选

一、目的与要求

① 学习从各种样品中分离枯草芽孢杆菌的操作技术。
② 掌握产蛋白酶菌株的初筛方法。

二、基本原理

蛋白酶是一类催化肽链中肽键水解的酶类，已广泛应用于食品、医药、洗涤、纺织、制革、废物处理和银的回收等领域，是世界三大工业用酶之一。多数枯草芽孢杆菌能产生蛋白酶、淀粉酶、抗生素等物质，是工业酶制剂生产的重要菌种。其主要存在于土壤或腐烂的稻草之中。由于能够形成芽孢，具有较强的抗热能力，因此可以通过高温加热杀死其中不生芽孢的细菌，使芽孢杆菌得到富集。

利用产蛋白酶菌株分泌胞外蛋白水解酶的特性，可以选择脱脂牛奶为底物的选择性培养基，产蛋白酶枯草芽孢杆菌在牛奶平板上生长后，其菌落周围可形成明显的透明圈。而透明圈直径（d_H）与菌落直径（d_C）的比值（d_H/d_C）常被作为判断该菌株蛋白酶产生能力的初筛依据，其比值越大，酶活力越高，进而可获得产蛋白酶活力强的菌株。

三、实验材料与用具

1. 样品

地表下 10～15cm 的土壤或者枯枝烂叶、腐烂稻草中的土样。

2. 培养基

① 牛肉膏蛋白胨培养基。
② 牛奶平板：在牛肉膏蛋白胨培养基中添加终质量浓度为 1.5％的脱脂牛奶。

3. 仪器和用具

三角烧瓶、培养皿、吸管、试管、涂布棒、水浴锅、高压灭菌锅、显微镜、游标尺。

四、实验步骤

1. 采样

学生从地表下 10～15cm 的土壤中用无菌小铲、纸袋取土样，并记录取样的地理位置、pH 值、植被情况等。

2. 富集培养

一般来讲，样品所占欲分离微生物的数量较少，利用微生物所需营养的区别，在增殖培养基中使某些微生物的生长受到抑制，而对某些微生物可促进它们的生长，从而达到分离所需微生物的目的，这种培养称为增殖培养。

取土样平摊于一干净的纸上，从四个角和中央各取一点土，混匀，称取 1g，置于装有 20mL 肉汤培养基的 250mL 三角瓶中，六层纱布封口，于 80℃ 水浴加热处理 10min，以杀死样品中的微生物营养体细胞。然后 30℃，150r/min，振荡培养 24h。

3. 涂布分离

将增殖培养液置于 80℃ 水浴中加热 10min，再次杀死不形成芽孢的营养体细胞，以浓缩芽孢杆菌，然后取 1mL 处理液以 10 倍稀释法分别稀释到 10^{-4}、10^{-5}、10^{-6} 等。分别取 0.1mL 菌液于无菌的牛奶培养基平板上（初筛平板，每个稀释程度接种两皿），用灭过菌的涂布棒将菌液均匀涂布在牛奶平板上，倒置于 37℃ 培养箱中培养 24～48h。观察牛奶平板上菌落周围的透明圈，挑起少许菌苔涂片，做芽孢染色，观察是否有枯草芽孢杆菌存在，挑 d_H/d_C 比值大的菌接入斜面培养基，30℃ 培养 24h，备用。

4. 纯化

用平板划线分离法在牛奶平板或牛肉膏蛋白胨平板上分离纯化挑选出的菌株。

5. 纯种鉴定

染色，油镜观察，从细胞形态及菌落特征进行鉴别。

① 细胞形态，菌落特征，芽孢形成情况。

② 产蛋白酶能力的测定：直接观察在牛奶平板上菌落周围形成的透明圈。

6. 菌种保藏

该实验分离得到的枯草芽孢杆菌作为后续实验的菌种使用。

五、注意事项

① 产蛋白酶菌的筛选，以脱脂牛奶为初筛培养基，透明圈明显。

② 运用梯度稀释法涂布时，由于菌液浓度的不同，导致所得的菌落的密度不同。需选择适当的稀释梯度，菌落的分布较好且有最大的透明圈。

六、实验报告

绘制菌体形态图，计算不同单菌落的 d_H/d_C。

七、思考题

① 筛选产蛋白酶枯草芽孢杆菌的依据是什么？

② 在选择平板上分离获得蛋白酶产生菌的比例如何？试结合采样地点进行分析。

实验二十 基于 16S rDNA 序列鉴定产蛋白酶菌株

一、目的与要求

① 掌握 16S rDNA 对细菌进行分类的原理及方法。

② 学会菌落 PCR 方法。

③ 学会常用的序列分析方法。

二、基本原理

随着分子生物学的迅速发展，细菌的分类鉴定从传统的表型、生理生化分类进入到各种基因型分类水平，如（G＋C）mol%、DNA 杂交、rDNA 指纹图、质粒图谱和16S rDNA 序列分析等。

细菌中 16S rRNA 对应于基因组 DNA 上的一段基因序列称为 16S rDNA。16S rRNA 相对分子量适中，又具有保守性和存在的普遍性等特点，序列变化与进化距离相适应，序列分析的重现性极高，因此，现在一般普遍采用 16S rRNA 作为序列分析对象对微生物进行测序分析。16S rDNA 序列既能体现不同菌属之间的差异，又能利用 PCR 技术较容易地得到其序列。所以通过对其序列的分析及同源性比较，可以计算、了解不同菌属和菌种在遗传进化方面的距离，判定不同菌属、菌种间遗传关系的远近，绘出进化树，从而达到对细菌进行分类的目的。

三、实验材料与用具

① 菌种：自筛的产蛋白酶的枯草杆菌。

② 器材：电泳仪、紫外透射仪、PCR 仪、微波炉、微量移液器以及配套吸头、PCR 管、三角瓶、制胶器、牙签、PE 手套等。

③ 试剂：dNTPmix：含 dATP、dCTP、dGTP、dTTP 各 2mM；Taq 酶、10×PCR 缓冲液、2.5mmol/LMgCl₂、琼脂糖、TAE 缓冲液、TE 缓冲液、上样缓冲液、DNA Marker、核酸染料 SYBR、细菌 16S rDNA 通用引物 1 对。

上游引物 27F：5-ATTCCGGTTGATCCTGC-3

下游引物 1541R：5-AGGAGGTGATCCAGCCGCA-3

四、实验步骤

1. 菌落 PCR 扩增

① 用无菌牙签挑取单个菌落到 0.2mLPCR 管中，加入 10μL 无菌 1×TE 缓冲液混匀（可用戴手套的手指弹击离心管），标记，盖紧，100℃煮沸 5min，−20℃冷冻

5min（循环 2 次），5000r/min 离心 1min，吸取 8μL 上清液作为 PCR 扩增的 DNA 模板。

② 采用 50μL 反应体系（见表 20-1）。

表 20-1　50μL 反应体系

体系组分	添加量	备注
DNA 模板	8μL	
10×PCR 缓冲液（含 Mg^{2+} 1.5mmol）	5μL	
d NTP(10mmol/L)	1μL	
上游引物(25μmol/L)	1μL	
下游引物(25μmol/L)	1μL	终浓度为 0.5μmol/L
Taq 酶（每微升含 5 单位）	1μL	
去离子水	33μL	

③ PCR 扩增条件：95℃预变性 5min；→主循环 94℃60s，→55℃50s，→72℃90s，→循环 30 次；→终延伸 72℃10min；→4℃保存。

2. PCR 产物的电泳检测

用 1×TAE 缓冲液配制质量浓度为 0.1g/L 的琼脂糖凝胶，加 SYBR 至终浓度为 3～5μL/100mL。将 PCR 扩增产物与 6 倍载样缓冲液混合，每个样品加样 10μL，10V/cm 电泳 40min，用紫外透射仪检测电泳结果。

3. 测序

将 PCR 产物直接送至生物公司测序，测序引物为 16S rDNA PCR 引物。

4. 测序结果及分析

根据测序结果，到美国国家生物技术信息中心（NCBI）上进行比对，应用 MEGA6.0 软件中邻接法（Neighbour-joining methods，NJ）构建聚类分析树状图，bootstrap 检验值≥50％，1000 次重复。确定该未知菌的种属。

五、注意事项

① PCR 反应体系中 DNA 样品及各种试剂的用量都极少，必须严格注意吸样量的准确性及全部放入反应体系中。

② 为避免污染，凡是用在 PCR 反应中的吸头、离心管、蒸馏水都要灭菌；吸每种试剂时都要换新的灭菌吸头。

③ 加试剂时先加消毒双蒸水，最后加 DNA 模板和 Taq 酶。

④ 置 PCR 仪进行 PCR 反应前，PCR 管要盖紧，否则液体蒸发会影响 PCR 反应。

六、实验报告

① 电泳图片（标明样品名称和标记分子量，目的片段大小）。

② 根据比对结果进行进化树的绘制，试分析产蛋白酶的枯草杆菌的亲缘关系。

七、思考题

① 为什么细菌通用引物可以扩增大部分细菌的 16S rDNA 序列?

② 细菌鉴定的分子生物学方法有哪些?

实验二十一 紫外线诱变育种——绘制细胞存活率和突变率曲线

一、目的与要求

① 了解微生物诱变育种的原理和方法。

② 掌握紫外线诱变最适诱变剂量的测定方法和操作过程。

二、实验原理

紫外线是一种最常用有效的物理诱变因素，对微生物的诱变作用是改变DNA分子结构，使同链DNA的相邻嘧啶核苷酸间形成共价结合的胸腺嘧啶二聚体，从而引起菌体遗传性变异。紫外线诱变，一般采用15W或30W紫外线灯，照射距离为20~30cm，随着紫外线照射时间的增加，死亡率和突变率随之提高，但是当照射时间继续延长时，其死亡率继续增加，突变率却开始下降。测定紫外线诱变的最适剂量以紫外线照射时间为横坐标，以细胞存活率或死亡率和突变率为纵坐标作图，致死率控制在50%~80%的照射时间即为最适剂量。

三、实验材料与用具

① 菌种：自筛的产蛋白酶的枯草杆菌。

② 器材：15W或30W紫外灯的超净工作台、电磁力搅拌器（含转子）、低速离心机、培养皿、涂布器、10mL离心管、（1、5、10mL）吸管、250mL三角瓶、恒温摇床、培养箱、直尺、棉签、橡皮手套、洗耳球、紫外诱变箱、试管、漏斗、玻璃珠等。

③ 培养基和试剂：牛肉膏蛋白胨固体、液体培养基、生理盐水。

四、实验步骤

1. 菌体的培养

取斜面菌种1环，接种于盛有20mL牛肉膏蛋白胨培养基的250mL三角瓶中，30℃振荡培养（120r/min）16~18h。取1mL培养液转接于另一只盛有20mL肉汤培养基的250mL三角瓶中，37℃振荡培养（120r/min）6~8h。

2. 菌悬液的制备

取5mL培养液，3500r/min离心10min，弃去上清液，收集菌体，加入无菌生理盐水9mL洗涤离心2次，之后将菌体充分悬浮于9mL无菌生理盐水中，即为菌悬液。

3. 诱变处理

① 预热 正式照射前开启紫外灯预热20~30min。

② 搅拌　取制备好的菌悬液 8mL 移入 9cm 的无菌培养皿中，放入无菌转子，置磁力搅拌器上，15W 紫外灯下 30cm 处。

③ 照射　然后打开皿盖边搅拌边照射，分别照射 15、30、45、60、75、90s，照射完毕先关上皿盖再关闭搅拌和紫外灯。

4. 稀释涂平板

在红灯下，分别取未照射的菌悬液（作为对照）和照射过的菌悬液以 10 倍稀释法稀释成 $10^{-1} \sim 10^{-6}$（具体可按估计的存活率进行稀释），分别取 10^{-4}、10^{-5}、10^{-6} 三个稀释度各 0.1mL 加入牛奶平板，每个稀释度涂平板 3 只，用无菌玻璃刮棒涂匀。以未经紫外线处理的菌稀释液涂平板作对照，30℃培养 48h（用黑布包好平板）。

5. 计算存活率及致死率

将培养 48h 后的平板取出进行细胞计数。根据平板上菌落数，计算出对照样品 1mL 菌液中的活菌数。按下列公式计算存活率和致死率。以确定紫外线处理的最佳剂量。

$$存活率 = \frac{处理后每毫升活菌数}{对照每毫升活菌数} \times 100 \tag{21-1}$$

$$致死率 = \frac{对照每毫升活菌数 - 处理后每毫升活菌数}{对照每毫升活菌数} \times 100 \tag{21-2}$$

五、注意事项

① 紫外线照射时注意保护眼睛和皮肤。

② 诱变过程及诱变后的稀释操作均在红灯下进行，并在黑暗中培养。

六、实验报告

① 将实验结果按表要求如实填入表 21-1，并分别算出存活率，致死率。

表 21-1　紫外线对枯草芽孢杆菌存活率的影响

照射时间	稀释度	平板菌落/(个/mL)			存活率/%	致死率/%
		平板 1	平板 2	平板 3		
15s	①②③					
30s	①②③					
45s	①②③					
60s	①②③					
75s	①②③					
90s	①②③					
0s(对照)	①②③				100	

② 绘制细胞存活率曲线，选择合适的诱变剂量。

七、思考题

① 试述紫外线诱变的作用机理及其在具体操作中应注意的问题。

② 经紫外线处理后的操作和培养为什么要在暗处或红光下进行？

实验二十二　紫外线诱变选育高产蛋白酶菌株

一、目的与要求

① 筑固微生物紫外诱变技术。
② 通过紫外线诱变提高产蛋白酶枯草芽孢杆菌的酶活，获得高产蛋白酶菌株。
③ 掌握蛋白酶活性测定的基本原理。
④ 学会蛋白酶活性的测定方法。

二、基本原理

一般野生型菌株的性能及耐受性较差，遗传不稳定，往往不能满足现代快速发酵的需求，紫外诱变是获得优良突变菌株十分有效又方便的途径，本实验通过紫外线诱变提高产蛋白酶枯草杆菌的酶活，获得高产蛋白酶菌株。

蛋白酶酶活力测定（Folin 酚法），根据福林试剂（磷钼酸和磷钨酸混合物）在碱性条件下被酚类化合物还原而且呈蓝色的反应（钼蓝和钨蓝的混合物）。由于蛋白质分子中含有酚基的氨基酸（如酪氨酸、色氨基酸及苯丙氨基酸等），使蛋白质或其水解产物也呈这个反应，于是就可利用这个原理来测定蛋白酶活力的强弱。即以酪蛋白为作用底物，在一定 pH 值及温度下，同酶液反应，经一定时间后，加入三氯乙酸，以终止酶反应，并使残余的酪蛋白沉淀，同水解产物分开，过滤后取滤液（即含蛋白质水解产物的三氯乙酸液）用碳酸钠碱化，再加入福林试剂使之发色，作分光光度计或光电比色计测定。蓝色反应的强弱同三氯乙酸中蛋白质水解产物的多少成正比，而水解产物的量又同酶活力成正比例关系。因此，根据蓝色反应的强弱就可以推测蛋白酶的活力。

三、实验材料与用具

① 菌种：自筛的产蛋白酶的枯草杆菌。
② 培养基和试剂：牛肉膏蛋白胨固体及液体培养基、牛奶平板、产酶培养基、生理盐水、蒸馏水、0.5%酪蛋白、福林试剂、0.4mol/L 碳酸钠溶液、0.4mol/L 三氯乙酸。
③ 仪器及用具：15W 或 30W 紫外灯的超净工作台、电磁力搅拌器（含转子）、低速离心机、培养皿、涂布器、10mL 离心管、（1、5、10mL）吸管、250mL 三角瓶、恒温摇床、培养箱、直尺、棉签、橡皮手套、洗耳球、紫外诱变箱、水浴锅、分光光度计等。

四、实验步骤

1. 出发菌株的选择及菌悬液制备

出发菌株的选择及菌悬液制备方法同实验二十一。

2. 诱变处理

以实验二十一中确定最佳剂量对出发菌株进行诱变处理，方法同实验二十一。

3. 用平板透明圈法进行初筛

将诱变处理后的菌涂布于脱脂牛奶平板培养基，并以未经诱变处理的菌株作对照，在37℃下，避光培养48h，观察透明圈的大小，选择透明圈直径与菌落直径比大、透明圈清晰的菌落，以待复筛。

4. 用摇瓶法进行复筛及酶活性测定

（1）摇瓶发酵

将初筛得到的菌株接入产酶培养基中，进行摇瓶培养（培养条件：30℃，180r/min，2d），取适量发酵液于离心管，10000r/min离心10min，上清液即为粗酶液，并以相同的操作，取未经诱变处理的菌株作为对照。

（2）蛋白酶活力的测定

① 标准曲线的绘制。按表22-1配制各种不同浓度的酪氨酸溶液。

表22-1　酪氨酸溶液的配制

试　剂	管　号					
	1	2	3	4	5	6
蒸馏水/mL	10	8	6	4	2	0
100μg/L酪氨酸/mL	0	2	4	6	8	10
酪氨酸浓度/μg·mL^{-1}	0	20	40	60	80	100

取上述不同标准浓度的标准溶液1.0mL（每个浓度做3个平行），各加入0.4mol/L碳酸钠溶液5.0mL、福林试剂1.0mL，置于40℃水浴中显色20min，在680nm下测吸光度A_{680}，以不含酪氨酸的对照组为空白，以吸光度A_{680}为纵坐标，酪氨酸的浓度为横坐标，绘制标准曲线。

② 蛋白酶活力的测定——Folin酚法。按表22-2步骤进行粗酶液样品的测定。

表22-2　粗酶液样品测定步骤

步　骤	对　照	待　定
1	加预热酶液1.0mL	加预热酶液1.0mL
2	加三氯乙酸2.0mL	0
3	0	预热酪蛋白溶液1.0mL
4	40℃下作用10min(精确)	
5	0	加三氯乙酸2.0mL
6	预热酪蛋白溶液1.0mL	0
7	40℃下作用20min(精确)，离心或过滤，取滤液作下列操作	
8	取滤液1.0mL	取滤液1.0mL
9	加0.4mol/L碳酸钠溶液5.0mL	加0.4mol/L碳酸钠溶液5.0mL
10	加福林试剂1.0mL	加福林试剂1.0mL
11	40℃下保温20min	
12	以对照样为空白,测定等测样品的吸光度(E)	

将粗酶液以 pH 为 7.2 磷酸盐缓冲液稀释后取 1mL（每个酶液做 3 个平行），置于 40℃水浴中预热 2min，再加入经同样预热的 0.5%的酪蛋白 1mL，摇匀，在 40℃下精确保温 10min 之后，立即加入 0.4mol/L 三氯乙酸 2.0mL 终止反应，摇匀，40℃水浴保温 20min，之后 12000r/min 离心 10min，取上清 1.0mL，加入 0.4mol/L 碳酸钠溶液 5.0mL 和福林酚试剂 1.0mL，摇匀，40℃保温发色 20min。用分光光度计在 680nm 波长下比色，测其吸光度 A_{680}。对照实验在加入酪蛋白溶液前先加入三氯乙酸，其余条件相同。

蛋白酶活力单位：在 40℃下，每分钟水解酪蛋白释放 $1\mu g$ 酪氨酸的酶量定义为一个蛋白酶活力单位。

$$粗酶液蛋白酶活力(\mu g/mL)=4/10\times A_{680}\times K\times N) \tag{22-1}$$

式中，A_{680} 表示样品中的 A_{680} 值，查标准曲线相应的酪氨酸质量，μg；K 表示吸光常数，由标准曲线得出，数值上等于 A 为 1 时所相当的酪氨酸的质量（μg）；4 表示反应试剂的总体积，mL（4mL 反应液取出 1mL 测定）；N 表示样品的稀释倍数；10 表示反应时间，min。

五、注意事项

① 紫外线照射时注意保护眼睛和皮肤。

② 诱变过程及诱变后的稀释操作均在红灯下进行，并在黑暗中培养。

六、实验报告

① 绘制标准曲线，计算蛋白酶活力。

② 试列表说明高产蛋白酶菌株的筛选过程和结果。

③ 你认为以上的筛选方法有什么优缺点，如何改进？

七、思考题

① 影响蛋白酶活力的因素有哪些？

② 使用分光光度计时应注意哪些问题？

实验二十三　碱性蛋白酶的吸附固态发酵生产

一、目的与要求

① 了解聚氨酯软质泡沫塑料吸附固态发酵碱性蛋白酶的原理。

② 掌握吸附固态发酵生产碱性蛋白酶的方法。

二、基本原理

惰性载体吸附固态发酵既不同于传统的利用农作物产品为底物的固态发酵，也不同于液态搅拌通气发酵。在载体吸附固态发酵过程中，使用的载体材料可以是孔隙均匀一致的人工合成材料如聚氨酯泡沫塑料。这类材料与麸皮等农作物产品不一样，麸皮不仅颗粒大小不一，就是同一颗麸皮颗粒，其不同部位的组成和性质都存在着差异。而这类载体材料，不仅各处均匀一致，而且还可以根据需要在生产过程中调节其孔径大小。这样的载体在发酵过程中充当固相成分，它们对微生物的生长没有副作用，微生物也不能够分解利用这类材料生长。这种固相组成与农作物产品的固相组成相比，固态发酵过程中的微生物环境的均匀和一致性有了较大地提高，微环境的多样性也明显降低，大大提高了发酵的效率。

在惰性载体固相吸附发酵过程中，发酵液是微生物生长的营养来源。在配制发酵液时，可以像液态发酵的培养液一样进行精确调配，而且其中的营养成分处于易于被微生物利用的溶解状态，所以说，其又具有液态发酵的特点。发酵液均匀吸附在惰性载体表面，在整个发酵系统中形成比较稳定的、一致的、有利于微生物生长的界面环境，强化了发酵过程中氧、热等的传递过程。

三、实验材料与用具

1. 菌种

短小芽孢杆菌（*Bacillus pumilus*），菌种用营养肉汤琼脂斜面培养基 30℃ 培养 48h 后于 4℃ 保存。

2. 培养基

营养肉汤琼脂斜面培养基：1L 水中加入蛋白胨 10.0g、牛肉膏 5.0g、NaCl 5.0g、琼脂 15.0g。

发酵液培养基：1L 蒸馏水加入牛肉膏 5.0g、大豆蛋白胨 10g、NaCl 5.0g。

3. 试剂

福林试剂、0.4mol/L 碳酸钠溶液。

4. 仪器用具

恒温摇床、恒温培养箱、水浴锅、分光光度计、250mL 三角瓶等。

四、实验步骤

1. 种子液制备

在 250mL 三角烧瓶中加入 50mL 营养肉汤培养液，接种保存在营养肉汤琼脂斜面培养基上的菌种，在 35℃ 恒温摇床培养 18h（200r/min）后，作为固态发酵的培养液。

2. 固态发酵

在 250mL 三角烧瓶中放入 4.0g 洗涤并烘干的聚氨酯软质泡沫塑料后，121℃ 灭菌 20min，冷却后再加入已经按不同比例接种了的不同量的培养基，在无菌条件下用玻璃棒挤压聚氨酯软质泡沫塑料使发酵液与之充分而均匀地吸附，然后放在恒温培养箱 35℃ 恒温培养。

3. 碱性蛋白酶提取及活力测定

① 提取　按发酵液与蒸馏水 1：1 的比例，将蒸馏水加入到载体吸附固态发酵的三角瓶内，提取和稀释发酵产生的酶，静置 2h，然后把聚氨酯软质泡沫塑料中的提取液经过离心分离或挤出，作为测定酶活力的样品。

② 活力测定　同实验二十一。

五、注意事项

聚氨酯软质泡沫塑料应与发酵液充分而均匀地吸附。

六、实验报告

分析讨论吸附固态发酵法关键环节和应注意事项。

七、思考题

① 惰性载体吸附固态发酵的基本原理。

② 吸附固态发酵与固体底物基质固态发酵相比，吸附固态发酵有哪些优点？

第三章　微生物制药

实验二十四　液体发酵法生产链霉素

一、目的与要求

学习链霉素的发酵方法及抗生素的检测和鉴定方法。

二、基本原理

瓦克斯曼（Selman A. Waksman）于 1943 年分离到一株灰色链霉菌（*Streptomyces griseus*），能产生对革兰氏阳性细菌和革兰氏阴性细菌都有抗菌作用的一种新的抗生素——链霉素。链霉素和其他抗生素一样是微生物的次级代谢产物。链霉素属于氨基糖苷类抗生素。

灰色链霉菌在下述条件下产生链霉素：对细胞有足够的供氧；存在低浓度无机磷酸盐；有足够的葡萄糖和足够高浓度的含氮物质。

在发酵培养基上，链霉素的发酵分 3 个阶段：生长阶段，菌丝形成，需氧量极大，在两天内形成链霉素不多；成熟阶段，菌丝及重量保持稳定，葡萄糖及其他碳源在培养基中消失，形成链霉素；老化阶段，有许多链霉素形成，然后链霉素产生停止，浓度下降，pH 值上升，菌丝自溶，需氧量减少，此时停止发酵。

纸层析是鉴别抗生素的方法之一，常用 8 个溶剂系统进行纸层析，层析后进行生物显色并绘制层析图谱，根据层析图谱对未知抗生素进行鉴定。本实验采用其中一个溶剂系统，并用标准链霉素溶液作为对照对发酵液进行鉴定。

发酵液离心上清抑菌结果，可观察到明显的抑菌圈，说明发酵液中含有抗菌物质。发酵液和标准链霉素纸层析后经生物显色结果，可观察到抑菌圈的位置在相同的位置，初步说明发酵液中的抗菌物质为链霉素。

三、实验材料与用具

① 菌种：灰色链霉菌（*Streptomyces griseus*）、大肠杆菌（*Escherichia coli*）或金黄色葡萄球菌（*Staphylococcus aureus*）。

② 培养基：牛肉膏蛋白胨固体培养基、豌豆培养基、查氏培养基。

③ 试剂：正丁醇。

④ 仪器及用具：5L 发酵罐、恒温摇床、冷冻离心机、三角瓶（50mL、100mL、500mL）、新华 3 号滤纸、层析缸（30cm×10cm）、搪瓷盘（25cm×15cm×5cm）、毛

细管、培养皿。

四、实验步骤

1. 斜面孢子的制备

用接种环挑取冰箱中保藏的菌种接种于豌豆培养基斜面培养基上，于27℃恒温培养箱中培养6～7d，即可得到斜面孢子。

2. 母瓶培养液的制备

用接种环挑取斜面培养基表面上的孢子接种于灭菌的含有50mL豌豆培养基的三角瓶中，于27℃摇瓶200r/min培养72h即成母瓶培养液。

3. 种子培养液的制备

无菌操作取2mL母瓶培养液接种于含有100mL豌豆培养基的三角瓶中，于27℃恒温摇床200r/min培养3～4d。

4. 发酵培养

① 三角瓶发酵培养：取4mL种子培养液接种于含有200mL豌豆培养基的500mL大三角瓶中，于28℃恒温摇床200r/min培养12～15d进行链霉素发酵。

② 发酵罐发酵培养：在5L发酵罐中装入3L豌豆培养基，灭菌后接入60mL种子培养液，在控制条件下进行链霉素发酵。

5. 发酵液预处理

发酵结束后，将发酵液在低温条件下12000r/min离心，上清即为含有链霉素的样品，如果不进行链霉素的分离纯化，可直接对发酵液进行抗生素抑菌实验和纸层析生物显色分析鉴定。

6. 发酵液抑菌实验

在牛肉膏蛋白胨固体培养基平板上均匀涂布大肠杆菌或金黄色葡萄球菌，待其表面干燥后将小钢管垂直置于平板表面，取发酵液0.1mL注入小钢管中，于37℃恒温培养24h后观察结果。

7. 链霉素的纸层析鉴定

① 点样：在距新华滤纸（25cm×19cm）底端2.5cm处划一道横线，用毛细管将发酵清液和标准链霉素溶液（10mg/mL）点在滤纸的横线上。每个样品之间距离2cm。

② 层析：将点好样的滤纸做成圆筒状，置于含有展层溶剂系统的层析缸中，于20～25℃上行扩展20～25cm后取出，挥发除净溶剂。

③ 显影（生物显影法）：将滤纸贴在接种有大肠杆菌或金黄色葡萄球菌的琼脂平板上，置冰箱中（10℃，4h），使滤纸上的抗生素渗透到平板上，然后于30～35℃培养16～20h，根据平板上样品抑菌区的位置判断抗生素的类型。

五、注意事项

滤纸片要进行杀菌处理，放置滤纸片展层时，防止展层剂浸没滤纸底端横线。

六、实验报告

观察并记录链霉素发酵液对细菌的抑制作用及链霉素纸层析生物显色图谱的结果。

七、思考题

链霉素的发酵方法及抗生素的检测和鉴定方法有哪些？

实验二十五　抗生素的分离和鉴别（薄层层析法）

一、目的与要求

① 掌握薄层层析法分离抗生素的原理与方法。

② 了解生物显影法在抗生素鉴定中的应用。

二、基本实验

薄层层析是一种微量而快速的层析方法。把吸附剂或支持剂均匀的涂布于玻璃板（或涤纶片基）上成一薄层，把要分析的样品加到薄层上，然后用合适的展层剂进行展开而达到分离、鉴定和定量的目的。

为了使要分析的样品中的各组分得到分离，必须选择合适的吸附剂。硅胶、氧化铝和聚酰胺由于它们的吸附性能良好，是应用最广泛的吸附剂，硅藻土和纤维素则是分配层析中最常用的支持剂。在吸附剂或支持剂中添加合适的黏合剂后再涂布，可使薄层粘牢在玻璃板上。

在吸附层析中，虽用相同的吸附剂和溶剂系统，但不同性质的抗生素由于其吸附能力的差异，比移植（R_f）也不同。因此，即使是性质极为接近的同组抗生素的各个组分，在合适的溶剂系统中展开，也能达到分离的目的。

通过薄层色谱分离后的化合物经生物显迹确定斑点的位置后，可求得其 R_f 值，将该 R_f 与同一薄层上标准品的 R_f 作比较就可初步鉴别样品中的抗生素。

三、实验材料与用具

① 菌种：枯草芽孢杆菌（*Bacillus subtilis* TATTC 6633）。

② 培养基：生物显影用培养基。

③ 试剂：展层溶剂系统（正丁醇∶乙酸∶水＝3∶1∶1），链霉素、卡那霉素等抗生素纯品及粗制抗生素样品若干种（链霉素或卡那霉素粗制品），硅胶GF$_{254}$。

④ 仪器及用具：烘箱、培养箱、灭菌锅、超净工作台、玻璃板（100mm×200mm）、层析缸、测度盘（19.5cm×34cm 的玻璃板筐）、微量注射器、滤纸、玻璃。

四、实验步骤

1. 生物显影用培养基的制备

分别称量蛋白胨6g、酵母膏3g、牛肉膏1.5g、琼脂20g、水1000mL，调节 pH 值至 6.5，灭菌。生物显影时，测度盘内培养基分上下两层，上层培养基须另加 0.5％的葡萄糖。

2. 生物显影用枯草杆菌芽孢悬浮液的制备

将枯草杆菌（*Bacillus subtilis* 1 ATTC 6633）接种在肉汤琼脂大斜面培养基上（2

支），37℃培养 7d。用 0.85％生理盐水将枯草杆菌芽孢洗下，再用灭菌玻璃珠将芽孢分散，用 0.85％生理盐水稀释成 $12 \times 108/mL$ 芽孢悬液。将此悬液于 65℃水浴中保温 30min，冷却后保存于冰箱内，可使用一个月。使用前，最好先作抑菌试验，以确定每 100mL 上层培养基需加入芽孢悬液的量。

3. 薄层的制备

制薄层用的玻板预先用洗液洗净并烘干，玻板表面要求光滑。将硅胶 GF_{254} 和双蒸水（硅胶：双蒸水＝10：25）于烧杯中搅拌均匀后用玻棒迅速涂布铺平，轻轻振动玻板，使其分布均匀，铺成厚度 0.25mm 的薄层板，在空气中晾干（或在 60℃烘箱中烘干）后移至 110℃烘箱中活化 1h，取出置干燥器中备用。

4. 点样

距薄板一端 2cm 处每隔 2cm 作一记号（用铅笔轻轻点一下，切不可将薄层刺破），用 $50\mu L$ 微量注射器取抗生素纯品或粗制品（分别溶于少量的甲醇中，浓度为 0.5mg/mL）溶液在记号处点样，点样量为 $20\mu L$。注意控制样点扩散直径不超过 3mm。

5. 展开

将薄板点样一端放入盛有展开剂的层析缸中（注意样点不可直接与展开剂相接触），展层至溶剂前沿距顶端 1～2cm 处时取出薄板，在溶剂前沿处作记号。空气中晾干，除尽溶剂。

6. 生物显影

往测定盘内倒入生物测定培养基 150mL，放平。待凝固后再倒入 60mL 带枯草杆菌的上层培养基，完全凝固后，将层析过的层析板（点样的一面）直接贴在琼脂表面，放置 15min，取下层析板，将盘置于 37℃恒温培养箱中培养，约 16h 后取出观察实验结果。

五、注意事项

点样前，先用铅笔在层析上距末端 1～2cm 处轻轻画一横线，然后用毛细管吸取样液在横线上轻轻点样，如果要重新点样，一定要等前一次点样残余的溶剂挥发后再点样，以免点样斑点过大。

六、实验报告

用笔描下抑制圈所在的位置和形状，计算各抗生素样品的 R_f 值。

七、思考题

① 薄层色谱的 R_f 值是鉴别化合物的主要参数，请指出在薄层色谱过程中影响化合物 R_f 值的主要因素有哪些？

② 假设某试样的 R_f 值与标准品相同，请问能否据此确定该试样与标准抗生素同质？

实验二十六　抗生素抗菌谱及抗生菌的耐药性测定

一、目的与要求

① 了解不同抗生素对微生物的抑菌作用。

② 学习抗生素抗菌谱的测定方法，了解常见抗生素的抗菌谱。

③ 学习微生物耐药性的测定方法，了解微生物对抗生素耐药性产生的原因及对策。

二、基本原理

抗生素是微生物，特别是放线菌，在生命活动过程中产生的特异性的代谢产物，能选择性地抑制或杀死其他微生物。不同的抗生素抑菌范围和抑菌作用机制不同，同一种抗生素不同浓度，抑菌效果也有差异。各种抗生素的抑菌范围，即抗菌谱。了解某种抗生素的抗菌谱在临床治疗上有重要的意义。

杯碟法利用了扩散原理，即抗生素在待检菌的固体琼脂平板中的扩散，当药物浓度高于该药对待检菌的最低抑菌浓度，被测细菌的生长就受到抑制，在牛津杯的周围形成透明的抑菌圈。分别测量各种抗生素纸片抑菌圈的直径（以 mm 表示），判断其敏感度及耐药性。同一种浓度的某种抗生素对不同微生物形成的抑制圈直径的差异，显示这种抗生素对不同微生物的抑制作用的强弱。不同抗生素对同一种微生物抑菌圈大小的差异却没有直接的可比性，即，不能简单地通过抑菌圈直径的大小判断不同种类的抗生素对同一种微生物抑制作用的强弱，因为每种抗生素的浓度是不同的。

微生物耐药性，指微生物对于化学治疗药物作用的耐受性。耐药性一旦产生，药物的化疗作用就明显下降。测试抗菌药在体外对病原微生物有无抑制作用，以指导选择治疗药物和了解区域内常见病原菌耐药性变迁，有助于经验性治疗选药。

三、实验材料与用具

① 菌种：大肠埃希氏杆菌（*Escherichia coli*）、金黄色葡萄球菌（*Staphylococcus aureus*）斜面或培养液。

② 培养基：牛肉膏蛋白胨培养基斜面。

③ 供试抗生素：氨苄青霉素 $100\mu g/mL$（溶于水）、氯霉素 $200\mu g/mL$（溶于乙醇）、卡那霉素 $100\mu g/mL$（溶于水）、链霉素 $100\mu g/mL$（溶于水）、四环素 $100\mu g/mL$（溶于乙醇），配制好的溶液经 $0.45\mu m$ 的滤膜无菌过滤后备用。

④ 仪器及用具：恒温培养箱、镊子、牛津杯、培养皿（直径12cm）。

四、实验步骤

1. 抗生素抗菌谱的测定

① 倒平板：将已灭菌的牛肉膏蛋白胨固体培养基加热到完全融化，倒在培养皿内，

每皿约 20mL，凝固。

②标记：菌种、牛津杯摆放位置、药物及其浓度（见图 26-1）。

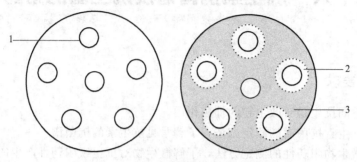

图 26-1　抗生素抗菌谱的测定示意图

1—牛津杯；2—抑菌圈；3—待检菌

③制备菌悬液：用生理盐水洗下试管内的菌苔并稀释，即为供试菌悬液。

④菌液涂布：吸取 0.5mL 菌液滴在平板表面上，用无菌涂布器涂布将菌液涂布均匀。

⑤摆放牛津杯：用无菌镊子将牛津杯置于供试菌的平板上，轻轻按压，使牛津杯与培养基之间接触无间隙。

⑥加入待检药液：在牛津杯中加入一定量的抗生素溶液。

⑦孵育：加满后，置 37℃，培养 18～24h。

⑧结果报告：用毫米尺量取抑菌圈直径，测定抑菌圈的直径，用抑菌圈的大小来表示抗生素的抗菌谱。

2. 抗生菌的耐药性测定

①制备链霉素药物平板　取 4 套无菌培养皿，皿底标记编号，从链霉素溶液（100μg/mL）中，分别吸出 0.2、0.4、0.6、0.8mL，加至以上培养皿中，倒入冷却至 50℃的融化牛肉膏蛋白胨培养基中，迅速混匀，制成药物平板，待凝后在每个培养皿的皿底划分成 4 份，并注明 1～4 号，备用。

②耐药性测定　在以上 1～3 号空格上分别接上不同耐药程度的耐链霉素菌株 3 株，在 4 号接入野生型菌株作对照，37℃培养 24h 后观察菌生长情况，并记录。以"＋"表示生长，以"－"表示不生长。

五、注意事项

①供试菌液涂布于平板后，待菌液稍干再加入滤纸片或牛津杯。

②制备药物平板时，注意把药物与培养基充分混匀。

③牛津杯摆放一定要立直，才能保证杯内抑菌物质均匀的向四周扩散。

④牛津杯均匀摆放，位置安排适中，防止出现抑制圈重叠，可在平皿中央摆一个，外周等距离摆 5～6 个。

六、实验报告

①将抗生素的抗菌结果填入表 26-1 中。

表 26-1　各种抗生素抗菌效果

抗生素名称	抑菌圈直径/mm		作用机制
	金黄色葡萄球菌	大肠杆菌	
氨苄青霉素			
链霉素			
卡那霉素			
氯霉素			
四环素			
对照（无菌水）			

② 根据以上结果说明供试抗生素的抗菌谱。

③ 记录不同大肠杆菌的耐药性测定结果。

七、思考题

① 抗生素对微生物的作用机制有几种？举例说明之。

② 如供试菌为酵母菌、放线菌或霉菌，应如何测定抗生素的抗菌谱？

实验二十七　发酵香肠中葡萄球菌和微球菌的分离计数与初步鉴定

一、目的与要求

① 学习发酵香肠中葡萄球菌和微球菌的分离计数方法。

② 掌握葡萄球菌和微球菌初步鉴定的原理和方法。

二、基本原理

葡萄球菌和微球菌被认为上发酵香肠生产中的"风味菌"，对发酵香肠优良色泽和风味的形成具有非常重要的作用，葡萄球菌和微球菌属中的许多种被作为发酵剂用于发酵香肠的生产。

葡萄球菌和微球菌为微球菌科下的两个属，均为 G^+、接触酶阳性球菌，最适生长温度为 30～37℃，两者能耐高盐。因此，利用高盐甘露醇琼脂培养基（MSA）能对发酵香肠中的葡萄球菌和微球菌进行分离和计数。葡萄球菌对红霉素和溶菌酶不敏感，但对溶葡萄球菌素敏感；而微球菌在含红霉素的培养基上不能生长，但对溶葡萄球菌素不敏感。因此，利用这一特性可以将两者鉴别开来。

三、实验材料与用具

① 样品：发酵香肠。

② 培养基及试剂：营养琼脂培养基 1 瓶、培养基 A 两瓶、MSA 培养基 1 瓶、225mL 无菌生理盐水 1 瓶、9mL 无菌生理盐水 6 支、革兰氏染色液一套、3%～5% H_2O_2、红霉素、溶葡萄球菌素、溶菌酶、95%乙醇、甘油。

③ 仪器及设备：超净工作台、恒温培养箱、1mL 无菌吸管、灭菌均质器或无菌研钵、高压蒸汽灭菌锅、无菌培养皿等。

四、实验步骤

1. 发酵香肠中葡萄球菌和微球菌的分离与计数

无菌条件下准确称取 25g 样品，加入 225mL 生理盐水中，均质（8000～10000r/min，1min）或研磨，制成 10^{-1} 的均匀样品稀释液。

吸取以上样品稀释液 1mL 到 9mL 的无菌生理盐水中，即成 10^{-2} 的样品稀释液。依次根据需要制成不同的稀释度。

取适宜稀释度的稀释液 1mL 于无菌平板中，倒入熔化并冷却至 45～50℃ 的 MSA 培养基约 15mL，摇匀。

待培养基凝固后，倒置于 37℃ 培养箱中培养 48h。

取菌落数在 30～300cfu 的平板进行计数，根据稀释度换算出发酵香肠中葡萄球菌和微球菌的数量。

2. 葡萄球菌和微球菌的初步鉴定

从平板上挑取单个菌落进行革兰氏染色和接触酶试验，对 G^+、接触酶阳性无芽孢球菌进行下一步的初步鉴定。

红霉素敏感性试验：取 90mL 营养琼脂培养基于有螺纹盖的瓶中，121℃ 灭菌 15min。

取 4mL 红霉素溶于 0.5mL 95% 的乙醇中，用蒸馏水定容至 100mL，过滤除菌。

将 90mL 营养琼脂培养基熔化，冷却至 46～48℃，加入 10mL 10%（质量浓度）灭菌甘油溶液和 1.0mL 以上准备好的红霉素溶液，倒平板（约 15mL），冷却后划线，每个平板可接种 6 个分离物，37℃ 培养约 2d 观察结果。

溶葡萄球菌素和溶菌酶敏感性试验：取一瓶培养基 A，加入溶葡萄球菌素至 200μg/mL。再取一瓶培养基 A，加入溶菌酶至 25μg/mL。分别倒平板，冷却后划线，每个平板可接种 6 个分离物，37℃ 培养 2d 后观察结果。

五、注意事项

红霉素、溶葡萄球菌素和溶菌酶最好过滤除菌后再加到相应培养基中，而不宜与培养基一起灭菌。

六、实验报告

根据表 27-1 进行实验结果的判定。

表 27-1　葡萄球菌和微球菌的初步鉴定

种类	含红霉素培养基上生长	溶葡萄球菌素敏感性	溶菌酶敏感性
葡萄球菌			
微球菌			

七、思考题

为什么只对 G^+、接触酶阳性无芽孢球菌进行下一步的初步鉴定？

附：培养基 A 的配制

配方：蛋白胨 10.0g，酵母提取物 1.0g，葡萄糖 10.0g，NaCl 5.0g，水 1000mL。制法：分别称取以上成分，将其加入到蒸馏水中，加热使之完全溶解，调 pH 值至 7.0～7.2，分装于三角瓶中，121℃ 灭菌 15min。

实验二十八 酸乳及泡菜中乳酸杆菌的
分离与初步鉴定

一、目的与要求

① 学习从发酵食品中分离纯化乳酸杆菌的方法。

② 掌握乳酸杆菌的初步鉴定方法。

二、基本原理

乳酸杆菌是发酵工业上常用的菌种。乳酸杆菌为厌氧和微好氧 G^+ 菌。表面生长菌落较小，能发酵葡萄糖或乳糖而产生乳酸，将培养基中的碳酸钙溶解而产生透明圈。有一些乳杆菌，如保加利亚杆菌在 15℃时不生长，在 45℃甚至 50℃时生长，最适生长温度 40～43℃；而有些乳杆菌，如植物乳杆菌在 15℃时生长，45℃时一般不生长，最适生长温度 30℃左右。因此，利用这些特点可对它们做初步分离与鉴定。

三、实验材料与用具

① 样品：酸乳、泡菜汁。

② 培养基及试剂：酸化 MRS 固体培养基、MRS 液体培养基、无菌生理盐水、灭菌 $CaCO_3$（用纸包着）、革兰氏染色液、乳酸标样、滤纸等。

③ 仪器及设备：超净工作台、30℃和 40℃恒温培养箱、1mL 无菌吸管、高压蒸汽灭菌锅、无菌培养皿等。

四、实验步骤

1. 样品稀释

无菌吸取 1mL 酸乳和泡菜汁分别置于 9mL 的无菌生理盐水中，混匀，即成 10^{-1} 的样品稀释液，再根据需要依次按 10 倍进行系列稀释。制成不同稀释度的酸乳和泡菜汁稀释液。

2. 平板分离培养

取 2～3 个适宜稀释度的稀释液各 1mL 分别注入无菌培养皿中，每个稀释度重复做两个。无菌操作下按大约 3%（质量浓度）的量把灭菌的 $CaCO_3$ 加入熔化了的 MRS 培养基中，于自来水中迅速冷却培养基至 45℃左右（稍烫手，但能长时间握住），边冷却边摇晃使 $CaCO_3$ 混匀，但不产生气泡，立刻倒入培养皿中，摇匀。待培养基凝固后，倒置于 30℃（酸泡菜汁样品）和 40℃（酸乳样品）恒温培养箱中培养 24～48h。

3. 观察菌落特征

① 酸乳中的保加利亚杆菌：菌落周围产生 $CaCO_3$ 的溶解圈，菌落直径 1～3mm，

无色素，呈白色至淡灰色，菌落表面较粗糙。

② 酸泡菜汁中的植物乳杆菌：菌落周围产生 $CaCO_3$ 的溶解圈，菌落直径 1～3mm，乳白色，偶有浓或暗黄色。

4. 纯化培养

挑取可疑单菌落 5～6 个分别接种于 MRS 液体培养基，30℃或40℃恒温培养箱中培养 24h。

5. 镜检形态

取上述试管液体培养物一环涂片做革兰氏染色，显微镜下观察其形态特征。酸乳中的保加利亚杆菌为革兰氏阳性菌，杆状，细胞较长，细胞宽约 $2\mu m$，有时呈线形，幼龄培养物中细胞以单生或成对为主。酸泡菜汁中的植物乳杆菌为革兰氏阴性菌，杆状，菌体大小 $(0.9～1.2)\mu m \times (3～8)\mu m$，以单生、成对或短链排列。

6. 乳酸测定

将上述试管培养的上清液采用纸层析法检测乳酸的产生情况。

五、注意事项

① 由于乳酸杆菌耐酸性较强，所以应采用酸化 MRS 固体培养基，这样有利于分离到目的菌。

② 出现 $CaCO_3$ 溶解圈仅能说明该菌产酸，不能证明就是乳酸菌，要确定还必须做有机酸的测定。最简便的方法是纸层析法。

六、实验报告

描述酸乳中的保加利亚杆菌和酸泡菜汁中的植物乳杆菌在酸化 MRS 培养基上的菌落特征，记录发酵上清液经纸层析测定产生乳酸的情况，并绘制所分离的乳酸杆菌的个体形态图。

七、思考题

① 培养基中加入 $CaCO_3$ 的目的是什么？
② 培养基熔化后为什么要立即用冷水冷却？

实验二十九　酒曲中根霉菌的分离与甜酒酿的制作

一、目的与要求

① 掌握从酒曲中分离纯化根霉菌的方法，并进一步了解根霉菌的形态特征。

② 通过甜酒酿的制作了解酿酒的基本原理，掌握甜酒酿的制作技术及操作要点。

二、基本原理

以糯米（或大米）经甜酒药发酵制成的甜酒酿，是我国的传统发酵食品。我国酿酒工业中的小曲酒和黄酒生产中的淋饭酒在某种程度上就是由甜酒酿发展而来的。

甜酒酿是将糯米经过蒸煮糊化，利用酒药中的根霉和米曲霉等微生物将原料中糊化后的淀粉糖化，将蛋白质水解成氨基酸，然后酒药中的酵母菌利用糖化产物生长繁殖，并通过酵解途径将糖转化成酒精，从而赋予甜酒酿特有的香气、风味和丰富的营养。

三、实验材料与用具

① 材料：糯米、酒药、生理盐水、PDA 琼脂。

② 仪器及其他用品：蒸锅、纱布、培养箱、显微镜、振荡器、透明胶、平皿、试管、移液管、载玻片等。

四、实验步骤

1. 酒曲中根霉菌的分离

称取酒药 25g 于 225mL 无菌生理盐水锥形瓶中，在振荡器上震荡 5min，制成孢子悬浮液，然后以 10 倍梯度稀释法稀释，取适当稀释度的孢子悬浮液 1mL 于无菌平皿中，加入 45℃ 的 PDA 琼脂培养基（马铃薯-葡萄糖-抗生素琼脂）15～20mL 混合均匀，于（28±1）℃ 培养 3d，观察其生长情况及菌落特征，并制片进行镜检，画出观察到的根霉菌菌丝和孢子形态。

根霉菌制片简便方法：将在平皿中生长旺盛的根霉菌用透明胶轻轻粘一下，然后将其小心粘在洗净干燥的载玻片上，置低倍镜下观察，必要时换高倍镜观察。制片时要小心，尽可能保持霉菌的自然生长状态；将粘了根霉菌的透明胶放在载玻片上时勿压入气泡，以免影响观察。透明胶放在载玻片上后不能移动，否则其自然生长状态将被破坏。此法优点是根霉菌菌丝和孢子结构保持完整，观察效果好。

2. 甜酒酿的制作

① 浸米、蒸饭　将糯米淘洗干净（水清即可），用水浸泡过夜。次日捞起糯米，放于置有纱布的蒸屉上，用玻璃搅拌棒戳几个洞后，于锅内蒸熟（上汽 20～25min），使饭"熟而不糊"。

② 淋饭　用清洁冷水淋洗蒸熟的糯米饭，使其降温至35℃左右（手握不热，夏天应淋洗至接近水温），同时使饭粒松散。

③ 落缸搭窝　将酒药捏碎（用量0.2%～0.4%，根据酒药品种而定）均匀拌入饭内，并在洗干净的有盖容器内洒少许酒药，然后将淋好的饭粒松散地放入容器内，搭成凹形圆窝，面上洒少许酒药粉、盖上盒盖。

④ 保温发酵　于30℃进行保温发酵，待发酵1～2d后，当窝内酿液达饭堆2/3高度时，可终止发酵，或再发酵1d左右即可（以个人喜好而定）。

五、注意事项

① 制片操作过程中透明胶粘根霉菌的力度是决定制片成功的关键。

② 糯米是否浸泡吸水充足，是否隔水将糯米蒸熟，是米饭达到"熟而不糊"的关键，否则米饭容易夹生或过于糊烂，从而造成发酵不能正常进行（如生酸、发酵延迟，甚至感染杂菌）。

③ 淋饭降温的温度是否合适，是影响酒酿发酵成功的关键之一。

六、实验报告

① 对酒酿产品进行感官评定（如酒酿的甜度、酸度、香味及酿液的多少和清澈程度等），写出品尝体会，并评分。

② 观察根霉菌生长情况及形态特征，并进行制片镜检，绘制结构图。

七、思考题

① 制作甜酒酿的关键操作有哪些？

② 蒸饭前用玻璃搅拌棒戳几个洞的目的是什么？

③ 发酵时间长短主要影响酒酿的哪些方面？

实验三十　根霉糖化曲的制备及其酶活力的测定

一、目的与要求

① 学习固态发酵实验——根霉糖化曲的制备方法。

② 掌握糖化酶活力的测定原理和方法。

二、基本原理

淀粉可被淀粉酶分解，即被糖化曲糖化为可发酵性糖，因此糖化曲是食品发酵工业中普遍使用的淀粉糖化剂，其种类很多，如有大曲、小曲、麦曲和麸曲等。糖化曲中的菌类复杂，其中霉菌是酒精、白酒、黄酒生产中常用的糖化菌，含有许多活性强的糖化酶，能把原料中的淀粉转变成可发酵性糖，在白酒、黄酒生产中应用最广的是根霉菌。根霉是好气性微生物，生长时需要有足够的空气。因此，在制备固体曲时，除供给其生长繁殖必需的营养、温度和湿度外，还必须进行适当的通风，以供给根霉呼吸用氧。麸皮营养丰富，物料疏松，是培养固体糖化曲的好原料。

固体曲糖化酶活力的测定：采用可溶性淀粉为底物，添加一定量的固体曲糖化酶提取液，在一定的 pH 值与温度条件下，使之水解为葡萄糖，然后以 3,5-二硝基水杨酸比色法测定糖化酶水解淀粉产生的葡萄糖量来表示酶活性的大小。

三、实验材料与用具

① 菌种：黑根霉（*Rhizopus nigricans*）。

② 培养基：根霉麸皮培养基、察氏培养基、马铃薯培养基。

③ 试剂：0.2M 醋酸缓冲液（pH＝4.6）、2％可溶性淀粉溶液、3,5-二硝基水杨酸（DNS）、0.1％标准葡萄糖溶液、0.1mol/L NaOH 溶液。

④ 仪器与用具：恒温培养箱、恒温水浴锅、高压蒸汽杀菌锅、分光光度计、三角瓶、试管、搪瓷盘、纱布、50mL 比色管、容量瓶等。

四、实验步骤

1. 标准曲线绘制

按表 30-1 比例操作后，开水煮沸 15min，冷却，加入 10.5mL 蒸馏水，摇匀，于721 型分光光度计上按波长 550nm 进行比色，空白由蒸馏水代替葡萄糖。以 OD 值为纵坐标，葡萄糖毫克数为横坐标，作标准曲线，求出 K 值。

表 30-1　葡萄糖的测定

编号	含葡萄糖量/mg	1mg/mL 葡萄糖液/mL	蒸馏水/mL	DNS/mL
0	0	0	0.5	1.5
1	0.1	0.1	0.4	1.5

编号	含葡萄糖量/mg	1mg/mL 葡萄糖液/mL	蒸馏水/mL	DNS/mL
2	0.2	0.2	0.3	1.5
3	0.3	0.3	0.2	1.5
4	0.4	0.4	0.1	1.5
5	0.5	0.5	0	1.5

2. 根霉糖化曲的制备

① 菌种的活化　无菌操作取原试管菌一环接入察氏培养基或马铃薯培养斜面,或用无菌水稀释法接种,31℃保温培养 4~7d,取出,备用。

② 三角瓶种曲培养　称取一定量的麸皮,加入 70%~80%水,搅拌均匀,润料 1h,装瓶,料厚 1.0~1.5cm,包扎,在 0.1MPa 压力下灭菌 40min。冷却后接种,31~32℃培养,待瓶内麸皮已结成饼时,进行扣瓶,继续培养 3~4d 即成熟。要求成熟种曲孢子稠密、整齐。

③ 浅盘根霉糖化曲制备

配料:称取一定量的麸皮,加入原料量 80%水,搅拌均匀。

蒸料:用二层纱布包裹配好的原料,放入杀菌锅,121℃高温蒸煮 30min。

接种:将蒸好的料冷却,打散结块,冷却至 40℃时,接入 0.35%(按干料计)三角瓶种曲,搅拌均匀,将其平摊在灭过菌的瓷盘中,料厚 1~2cm,上面覆盖灭菌湿纱布。

④ 前期管理:前期品温控制 32~35℃,培养温度 30℃,时间约 6h,若温度过高,则水分蒸发过快,影响菌丝生长。中期管理:应控制品温 35~37℃,防止烧曲。后期管理:菌丝长满培养基表面及内部,但无孢子长出,即结束,大概 20h。

糖化曲感官鉴定:要求菌丝粗壮浓密,无干皮或"夹心",没有怪味或酸味,曲呈米黄色,孢子尚未形成,有曲清香味,曲块结实。

3. 根霉糖化曲糖化酶活力测定

① 酶浸出液的制备:称取 10.0g 固体曲(干重)或 20g 固体湿曲,置入 250mL 烧杯中,加 90mL 水和 10mL 乙酸-乙酸钠缓冲液(pH=4.6),摇匀,于 40℃水浴中保温 1h,每隔 15min 搅拌一次。用脱脂棉过滤,滤液为 10%固体曲浸出液。

② 酶活力测定:在 25mL 磨口具塞试管中,加入 2%可溶性淀粉 9.8mL,于 40℃水浴锅中,加热 3~5min,加入稀释至一定倍数的酶液 0.2mL,准确反应 20min,立刻取出 0.5mL 反应液于预先吸有 1.5mL DNS 液的试管中,开水煮沸 15min,冷却后加入 10.5mL 蒸馏水,摇匀,比色测定,条件与标准曲线一致。空白用高温灭活酶液。酶活力用如下公式计算

$$酶活力 = OD \times n \times k \times 5 \times 20 \times 3 \times 100/10 (固体干曲) \tag{30-1}$$

(定义:在 40℃pH=4.6 条件下,每小时水解淀粉产生 1mg 葡萄糖作为一个酶活力单位。)

式中,OD 为吸光度;5 为将 0.2mL 酶液换成 1mL 酶液;k 为比色常数;n 为酶稀释倍数;20 为将 0.5mL 反应液换算成 10mL;3 为 20min 按换算成 1h;10 为固体干

曲的重量。

注意事项： 酶稀释至 40～200 单位/mL（g）之间；显色后在 30min 内比色完毕。

五、注意事项

① 根霉麸皮培养基的加水量对根霉菌的培养至关重要，由于原料麸皮的含水量会随着购买原料的不同发生改变，因此加水量不是一个定值。判断加水量是否合适，经验方法是将拌好的麸皮用手握住（力度要适中），放开仍能成团，没有水流出。

② 根霉麸皮曲的前期培养过程中要特别注意保持较高的湿度，水分蒸发过快，会影响菌丝的生长；中期培养以控制品温为首要，温度高于 38℃应及时降温，防止烧曲。

六、实验报告

1. 实验结果

实验现象：记录制曲过程中观察到的根霉固体曲的制备现象（如菌丝的生长、温度的变化、湿度的变化以及气味等）。

数据记录：标准曲线绘制结果，酶活力测定结果（列表记录）。

2. 分析与思考

对实验结果及过程进行分析。

七、思考题

① 为什么可以用麸皮来进行根霉糖化曲的制备？
② 还可以用哪些方法来测定根霉的糖化酶活力？

实验三十一　活性酸奶制作及其乳酸菌的检验

一、目的与要求

① 学习和掌握制作活性酸奶的方法。

② 学习和掌握活性乳酸菌饮料中乳酸菌数的测定方法。

二、基本原理

酸乳是发酵乳，是乳和乳制品在保加利亚杆菌、嗜热链球菌等乳酸菌发酵剂的作用下分解葡萄糖或乳糖产酸，使牛奶中酪蛋白凝固形成酸性凝乳状制品，同时形成酸奶独特的香味。酸奶根据其组织状态可分为两大类：凝固型酸奶和搅拌型酸奶。①凝固型酸奶：原料经消毒灭菌并冷却后，接种乳酸菌发酵剂，即装入塑杯或其他容器中，移入发酵室内保温发酵而成，其外观为乳白或微黄色的凝胶状态。②搅拌型酸奶：原料经消毒灭菌后，在较大容器内添加乳酸菌发酵剂，发酵后，再经搅拌使成糊状，并可同时加入果汁、香料、甜味剂或酸味剂，搅匀后，再装入容器内。

乳酸菌的细胞形态为杆状或球状，一般没有运动性，革兰染色阳性，微需氧、厌氧或兼性厌氧，具有独特的营养需求和代谢方式，都能发酵糖类产酸，一般在固体培养基上与氧接触也能生长。酸乳风味的形成及酸乳的保健功能与酸乳中乳酸菌的种类和数量有关，因此有必要进行乳酸菌数的测定。

三、实验材料与用具

① 菌种：保加利亚乳杆菌（*Lactobacillus bulgaricus*）、嗜热链球菌（*Streptococcus thermophilus*）。

② 培养基：MRS 培养基（10.0g 蛋白胨、10.0g 牛肉膏、5.0g 酵母膏、20.0g 葡萄糖、5.0g 乙酸钠、2.0g 柠檬酸三铵、2.0g 磷酸氢二钾、0.2g 硫酸镁、0.05g 硫酸锰、1.0mL 吐温-80，加水至 1000mL，调 pH 值为 $6.2\sim6.6$）、MC 培养基（大豆蛋白胨 5g、牛肉膏粉 5g、酵母膏粉 5g、葡萄糖 20g、乳糖 20g、碳酸钙 10g、琼脂 15g、中性红 0.05g，加水至 1000mL，最终 pH＝6.0 ± 0.2）。

③ 仪器与用具：超净工作台、恒温培养箱、高压蒸汽灭菌锅、冰箱、不锈钢锅、无菌吸塑杯、无菌纸、不锈钢匙、油镜显微镜、培养皿、移液管、试管、烧杯、量筒、温度计、酒精灯、接种针、载玻片、新鲜全脂或脱脂牛奶、一级白砂糖。

四、实验步骤

1. 凝固型酸奶的制作

（1）发酵剂培养

① 将新鲜牛乳分装试管和锥形瓶，每管装 10mL，锥形瓶每瓶装 300mL，均塞上

塞子，于 121℃ 灭菌 15min。

② 将保藏的液体菌种接入无菌牛乳试管中活化，至管内牛乳凝固吋，转接种于锥形瓶中，发酵剂接种量 5% 左右。也可按乳酸链球菌：保加利亚乳杆菌为 1∶1 混合接种。

③ 培养：乳酸链球菌 40℃ 培养 6~8h 至牛乳凝固即可。保加利亚乳杆菌用 42℃ 培养约 12h，至牛乳凝固即可。混合接种发酵剂，42~43℃，约 8h，至牛乳凝固为止。

（2）接种

将巴氏灭菌后的牛乳迅速降温到 38~40℃，接入混合发酵剂的量为原料乳的 4%~5%。

（3）装瓶，封口，发酵

接种后，立即装入灭菌吸塑杯或其他无菌容器中，加盖或用灭菌纸扎封杯（瓶）口，送培养箱或发酵室发酵，40~43℃，4~5h，直至牛乳凝固为止。

（4）酸奶冷却与后熟

将发酵好已凝固的半成品，取出稍冷却，置于 2~5℃ 的冰箱中或冷库中冷藏 6~10h，感官品尝并进行乳酸菌检验（质量标准参照国标）。

2. 乳酸菌的检测

① 以无菌操作将经过充分摇匀的酸乳检样吸取 25mL 放入含有 225mL 灭菌生理盐水的灭菌三角瓶内作成 1∶10 的均匀稀释液。

② 用 1mL 灭菌吸管吸取上述 1∶10 稀释液 1mL，沿管壁徐徐注入含有 9mL 灭菌生理盐水的试管内（注意吸管尖端不要触及管内稀释液）。

③ 另取 1mL 灭菌吸管，按上述操作顺序，作 10 倍递增稀释液，如此每递增一次，即换用 1 支 1mL 灭菌吸管。选择 10^{-4}~10^{-6} 三个稀释度，作为菌落计数样液。

④ 酸奶中乳酸菌总数的测定：分别吸取 10^{-4}~10^{-6} 这三个稀释度的样液 0.1mL 于灭菌平皿内，每个稀释度作两个平皿。稀释液移入平皿后，将冷至 50℃ 的乳酸菌 MRS 计数培养基约 15mL 注入平皿，并转动平皿使混合均匀。同时将乳酸菌计数培养基 15mL 倾入加有 0.1mL 稀释液检样用的灭菌生理盐水的灭菌平皿内作空白对照。以上整个操作自培养物加入培养皿开始至接种结束须在 20min 内完成。待琼脂凝固后，翻转平板，置（36±1）℃ 温箱内培养 48h 取出，计数平板上的所有菌落数，选取菌落数在 30~300 之间的平板作为计数平板。

⑤ 嗜热乳酸链球菌的检测：将冷至 50℃ 的 MC 培养基约 15mL 注入平皿，分别吸取 10^{-4}~10^{-6} 这三个稀释度的样液 0.1mL 于灭菌平皿内，每个稀释度作两个平皿。稀释液移入平皿后，应及时涂布均匀，同时做空白对照。翻转平板，置（36±1）℃ 温箱内培养 48h 取出，计数平板上菌落中等偏小、边缘整齐光滑的红色菌落，其他菌落不予计数。

⑥ 计数后，随机挑取步骤④中的 5 个菌落及步骤⑤中的两个红色菌落进行革兰氏染色，并用显微镜检查菌落形态。

五、注意事项

① 混合发酵剂中嗜热乳酸链球菌、保加利亚杆菌的活力和细胞数量是影响酸乳质

量的重要因素。

② 乳酸菌的检测过程中样品的稀释是决定实验成功的关键，每进行一次稀释都要将溶液充分混合均匀，然后迅速吸出 1mL 溶液依次进行稀释。在稀释结束后取 0.1mL 稀释液加入平板前也必须将稀释液充分混合均匀，否则将影响结果的正确性。

六、实验报告

① 记录感官评分结果，记录乳酸菌总数及嗜热乳酸链球菌菌数，计算保加利亚杆菌菌数。

② 将实验样品中嗜热乳酸链球菌菌数、保加利亚杆菌菌数与国标比较。

七、思考题

① 酸奶发酵的原理是什么？

② 酸奶发酵一般采用混合发酵菌种，为什么？

③ 乳酸菌菌数的测定为什么选择 2~3 个连续适宜稀释度进行测定？

④ 为什么计数后，应随机挑取 MRS 平板中的 5 个菌落及 MC 平板中的两个红色菌落进行革兰氏，并用显微镜检查菌落形态？

实验三十二　果酒酵母的分批培养

一、目的与要求

① 了解机械搅拌通风发酵罐的基本结构组成，学习机械搅拌通风发酵罐使用。
② 掌握发酵罐中培养基的灭菌、上罐操作实验。
③ 学习微生物生长曲线和物质消耗的测定方法。
④ 学习酵母菌种的扩大培养方法，为发酵实验准备菌种。

二、基本原理

种子扩大培养是将保存休眠状态的生产菌种经斜面活化、摇瓶及种子罐扩大培养以获得大量活力强的种子的纯种过程。由于需要数量较多的菌种，通常采用发酵罐，发酵罐中加入适量的培养基，灭菌后在火焰下接入适量的菌种，在适宜的条件下进行培养，定时测定培养液中的菌量和相关物质，绘制菌种的生长曲线和物质消耗的曲线。发酵罐是进行液体发酵的特殊设备，通常用钢板或硼硅酸盐玻璃和不锈钢板制成；发酵罐配备有控制器和各种电极，可以自动地调控试验所需要的培养条件，是微生物学、发酵工程、医药工业等科学研究所必需的设备。

培养方式可分为分批培养、分批补料培养、连续培养。酵母培养是典型的细胞物质生产过程。菌体的生长、繁殖需要碳源来提供能源和菌体所需的碳骨架。酵母菌种的培养中，碳源的消耗与菌体的生长是相偶联的，碳源浓度的变化一定程度上反映了菌种浓度的变化。实验以葡萄糖为碳源，通过分批培养来进行菌种的扩大培养。在分批培养过程中，除了不断供氧、加入消泡剂和加入酸碱调节剂外，发酵罐与外界没有其他物质交换。随着培养的进行，细胞浓度与物质的消耗不断变化，细胞的生长呈现出延缓期、对数期、稳定期和衰亡期四个不同的阶段。

测定微生物的数量有多种不同的方法，可根据要求和实验室条件选用。本实验采用比浊法测定，由于酵母菌悬液的浓度与光密度（OD 值）成正比，因此可利用分光光度计测定菌悬液的光密度来推知菌液的浓度，并将所测的 OD 值与其对应的培养时间作图，即可绘出该菌在一定条件下的生长曲线，此法快捷、简便。

三、实验材料与用具

① 菌种：酿酒酵母（*Saccharomyces cerevisiae Hansen*）。
② 培养基：酵母斜面培养基（2%胰蛋白胨、1%酵母提取物、2%葡萄糖、2%琼脂）、酵母摇瓶种子培养基（2%胰蛋白胨、1%酵母提取物、2%葡萄糖）、酵母分批发酵培养基（2%胰蛋白胨、1%酵母提取物、2%葡萄糖）。
③ 试剂：3,5-二硝基水杨酸 DNS（称取 3,5-二硝基水杨酸 10g、酚 2g、亚硫酸钠 0.5g、NaOH 10g、酒石酸钾钠 200g，置于 1000mL 烧杯中，用蒸馏水加热溶解，冷却

至室温，定容在 1000mL 容量瓶中，摇匀于棕色瓶中贮存。放置一周后作标准曲线使用。）、0.1％标准葡萄糖溶液（准确称取于 105～110℃ 干燥 1h 后的无水葡萄糖 50mg，用蒸馏水溶解，定容至 50mL，配成 1mg/mL 标准溶液）。

④ 仪器与用具

5 升全自动发酵罐、摇瓶机（或摇床）、灭菌锅、超净工作台、显微镜、恒温培养箱、分光光度计、玻璃仪器等。

不同厂家生产的发酵罐会有所差别，但基本原理是相同的，基本结构是类似的。现以上海保兴生物设备工程有限公司出产的 BIOTECH-7BGZ 罐为例，说明小型发酵罐的结构。

三部分结构：罐体、保护罩和控制箱；空气压缩机；蒸汽发生器，主要介绍罐体（见图 32-1）。

罐体为一硬质玻璃圆筒，底用不锈钢板及橡胶垫圈密封构成，容积为 5.8L。消毒方式为外源蒸汽在位消毒。钟罩上有压力表、安全阀和钟罩排气口，罐体上有接种口、补料口、放置 DO（溶解氧）电极口、放置温度电极口、放置 pH 电极口、放置消泡电极口、取样管口、放置搅拌器及冷凝进水口和蒸汽口。发酵罐放置在罐座上，还设有无菌空气入口、升温和夹套冷却装置等。

四、实验步骤

1. 斜面种子制备

自保藏甘油管中挑取一至二环酵母菌体接入新鲜的斜面试管中，于 28℃ 培养箱中培养 48h。

2. 摇瓶种子的制备

将上述培养好的斜面种子接入 250mL 三角瓶装的灭过菌的 100mL 摇瓶种子培养基中，在 28℃，200r/min 震荡培养 15～20h。

3. 灭菌前的准备

按使用说明书所示图连接管线，并仔细检查对照，必须保证安全可靠，进行 pH 电极零点、斜率标定和溶氧电极零点标定；加入培养基 5.0L；25％～28％氨水和 2N 盐酸先在高压锅中灭菌；灭菌操作前必须移开夹套蒸汽平衡阀，灭菌后才可以复位。

4. 发酵罐及培养基灭菌

检查罐体连接管线→夹套注水→移去夹套蒸汽阀→用保护罩盖住罐盖及发酵罐，拧紧，打开排气阀→接通电源→启动蒸汽发生器，启动搅拌马达，转速 300r/min→关进水阀，开冷凝阀，开蒸汽发生器，排气 2min 后关排气阀→调节排气阀和蒸汽进气阀进行保温，保温结束，关闭蒸汽进气阀，全开冷凝阀，开水阀→启动控制器，将温度控制设定为自动排去夹套内过量的水，温度降至 100℃ 以下时，慢慢打开排气阀，使压力逐渐下降至零，移去保护罩。

5. 发酵前的准备

设定发酵条件，进行溶氧电极斜率标定及 pH 电极的零点校正。

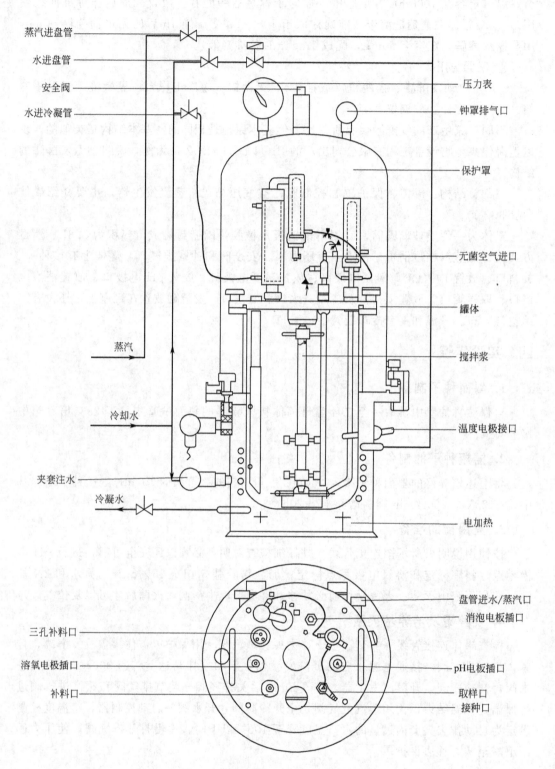

蒸汽进盘管
水进盘管
安全阀
水进冷凝管

压力表
钟罩排气口

保护罩

无菌空气进口

罐体

搅拌浆

蒸汽

冷却水

温度电极接口

夹套注水
冷凝水

电加热

盘管进水/蒸汽口
消泡电板插口

三孔补料口

溶氧电极插口

pH电板插口

补料口

取样口
接种口

图 32-1 发酵罐顶盖及各孔口结构图

微生物学实验指导

6. 接种

培养基冷却至 30℃，调节进气量至 3～5mL/min，将培养好的摇瓶种子按接种量 2％在火焰保护下倒入到发酵罐中。

7. 发酵过程培养

将进气过滤器与空气出口连通，开始通气，调整空气流量 3～5L/min→将蒸汽平衡阀装入法兰平衡口→温度降到设定值时，调节搅拌转速、空气流量、罐压→标定溶氧电极斜率，校正 pH 电极零点→接种（2％的接种量）→打开控制初始化菜单，设定发酵批号，并确认，设定发酵过程参数（温度 28℃，搅拌转速 400r/min，通风量 1vvm）及控制模式→发酵（每隔 2h 取样 10mL，用于菌密度的测定和其他项目的检测）。

8. 过程监控

0～24h：每隔 2h 取样镜检、测定还原糖、菌体浓度。

（1）细胞光密度测定方法

菌液稀释后于波长 600nm 处以空白培养基为对照进行比色测定。OD_{600}＝OD 读数×稀释倍数。

（2）葡萄糖的测定

标准曲线绘制：按表 32-1 比例操作后，开水煮沸 15min，冷却，加入 10.5mL 蒸馏水，摇匀，于 721 型分光光度计上在波长 550nm 下进行比色。空白由蒸馏水代替葡萄糖。

表 32-1　葡萄糖的测定

编号	含葡萄糖量/mg	1mg/mL 葡萄糖液/mL	蒸馏水/mL	DNS/mL
0	0	0	0.5	1.5
1	0.1	0.1	0.4	1.5
2	0.2	0.2	0.3	1.5
3	0.3	0.3	0.2	1.5
4	0.4	0.4	0.1	1.5
5	0.5	0.5	0	1.5

以 OD 值为纵坐标，葡萄糖毫克数为横坐标，作标准曲线，求出 K 值。

发酵液中葡萄糖的测定：取出 0.5mL 反应液于预先吸有 1.5mL DNS 液的试管中，开水煮沸 15min，冷却后加入 10.5mL 蒸馏水，摇匀，比色测定。条件与标准曲线一致。

9. 发酵结束

在初始化菜单中确认发酵结束；应将数据存盘；将控制器退回主菜单，然后按 Ctrl＋F6，关闭控制程序，关闭搅拌马达；放出发酵液，关闭空压机；将溶氧电极和 pH 电极取出；清洗罐体，最后关闭电源，切除电源。

五、注意事项

① 设备初次使用或长期不用后启动时，最好采用间歇空消，以便消除芽孢。

② 接种口用酒精火圈消毒，然后打开接种口盖，迅速将接种液倒入罐内，在把盖拧紧。

③ 一般配置培养基的体积为预定的 70%，因为灭菌时，通入的蒸汽发生冷凝，会使发酵液的体积增加。

六、实验报告

根据检测结果，作出果酒酵母浓度随时间变化的曲线图和葡萄糖浓度随时间变化的曲线图，并进行分析和讨论。

七、思考题

① 除了蒸汽灭菌外，还可用什么方法对发酵设备进行消毒？查阅资料，比较各种消毒方法的优缺点。

② 测定生长曲线时，除了本实验所用的分光光度比浊法外，还有哪些方法？它们各有哪些优缺点？

③ 比较果酒酵母的生长曲线与葡萄糖浓度的变化曲线，从中可以得出哪些结论？

④ 上罐操作过程中有哪些注意事项？操作不当对实验结果有何影响。

附　录

附录 I　染色液的配制

一、吕氏（Loeffler）碱性美蓝染液

A 液：美蓝（methylene blue）	0.6g
95％乙醇	30mL
B 液：KOH	0.01g
蒸馏水	100mL

分别配制 A 液和 B 液，配好后混合即可。

二、齐氏（Ziehl）石炭酸复红染色剂

A 液：碱性复红（basic fuchsin）0.3g，95％乙醇 10mL

B 液：石炭酸	5.0g
蒸馏水	95mL

将碱性复红在研磨后，逐渐加入 95％乙醇，继续研磨使其溶解，配成 A 液。

将石炭酸溶解于水中，配成 B 液。

混合 A 液和 B 液即成。通常可将此混合液稀释 5～10 倍使用，稀释液易变质失效，一次不宜多配。

三、革兰氏（Gram）染色液

1. 草酸铵结晶紫染液

A 液：结晶紫（crystal violet）	2g
95％乙醇	20mL
B 液：草酸铵（ammonium oxalate）	0.8g
蒸馏水	80mL

混合 A、B 二液，静置 48h 后使用。

2. 卢戈氏（Logol）碘液

碘片	1g
碘化钾	2g
蒸馏水	300mL

先将碘化钾溶解在少量水中，再将碘片溶解在碘化钾溶液中，待碘全溶后，加足水分即成。

3. 番红复染液

番红（safranine O）	2.5g

95％乙醇	100mL

取上述配好的番红乙醇溶液 10mL 与 80mL 蒸馏水混匀即成。

四、芽孢染色液

1. 孔雀绿染液

孔雀绿（malachite green）	5g
蒸馏水	100mL

2. 番红水溶液

番红	0.5g
蒸馏水	100mL

3. 苯酚品红溶液

碱性品红	11g
无水乙醇	100mL

取上述溶液 10mL 与 100mL 5％的苯酚溶液混合，过滤备用。

4. 黑色素（nigrosin）溶液

水溶性黑色素	10g
蒸馏水	100mL

称取 10g 黑色素溶于 100mL 蒸馏水中，置沸水浴中 30min 后，滤纸过滤二次，补加水到 100mL，加 0.5mL 甲醛，备用。

五、荚膜染色液

1. 黑色素水溶液

黑色素	5g
蒸馏水	100mL
福尔马林（40％甲醛）	0.5mL

将黑色素在蒸馏水煮沸 5min，然后加入福尔马林作防腐剂。

2. 番红染液

与革兰氏染液中番红复染液相同。

六、鞭毛染色液

1. 硝酸银鞭毛染色液

A 液：单宁酸	5g
$FeCl_3$	1.5g
蒸馏水	100mL
福尔马林（15％）	2mL
NaOH	1mL

冰箱内可保存 3～7d，延长保存期会产生沉淀，但用滤纸出去沉淀后，仍能使用。

B 液：$AgNO_3$	2g
蒸馏水	100mL

待 $AgNO_3$ 溶解后，取出 10mL 备用，向其余的 90mL $AgNO_3$ 中滴入浓 NH_4OH，使之成为很浓厚的悬浮液，在继续滴加 NH_4OH，直到新形成的沉淀又重新溶解为止。

在将备用的 10mL $AgNO_3$ 慢慢滴入，则出现薄雾，但轻轻摇动后，薄雾状沉淀又消失，再滴入 $AgNO_3$，直到摇动后仍呈现轻微而稳定的薄雾状沉淀为止。冰箱内保存通常 10d 仍可使用。如雾重，则银盐沉淀出，不宜使用。

2. Leifson 氏鞭毛染色液

A 液：碱性复红	1.2g
95％乙醇	100mL
B 液：单宁酸	3g
蒸馏水	100mL
C 液：NaCl	1.5g
蒸馏水	100mL

临用前将 A、B、C 液等量混合均匀后使用。三种溶液分别于室温保存可保存几周，若分别置冰箱保存，可保存数月。混合液装密封瓶内置冰箱几周仍可使用。

七、富尔根氏核染色液

1. 席夫氏（Schiff）试剂

将 1g 碱性复红加入 200mL 煮沸的蒸馏水中，振荡 5min，冷至 50℃左右过滤，再加入 1mol/L HCl 120mL，摇匀。等冷至 25℃。加 $Na_2S_2O_5$（偏重亚硫酸钠）3g，摇匀后装在棕色瓶中，用黑纸包好，放置暗处过夜，此时试剂应为淡黄色（如为粉红色则不能用），再加中性活性炭过滤，滤液振荡 1min 后，再过滤，将此滤液置冷暗处备用（注意：过滤需在避光条件下进行）。

在整个过程中所用的一切器板都需十分洁净、干燥，以消除还原性物质。

2. Schandium 固定液

A 液：饱和升汞水溶液

50mL 升汞水溶液加 95％乙醇 25mL 混合即得。

B 液：冰醋酸

取 A 液 9mL＋B 液 1mL，混匀后加热至 60℃。

3. 亚硫酸水溶液

10％偏重亚硫酸钠水溶液 5mL，1mol/L HCl 5mL，加蒸馏水 100mL 混合即得。

八、乳酸石炭酸棉蓝染色液

石炭酸	10g
乳酸（相对密度 1.21）	10mL
甘油	20mL
蒸馏水	10mL
棉蓝（cotton blue）	0.02g

将石炭酸加在蒸馏水中加热溶解，然后加入乳酸和甘油，最后加入棉蓝，使其溶解即成。

九、瑞氏（Wright）染色液

瑞氏染料粉末	0.3g
甘油	3mL
甲醇	97mL

将染料粉末置于干燥的乳钵内研磨，先加甘油，后加甲醇，放玻璃瓶中过夜，过滤即可。

十、美蓝（Ldvositz Weber）染液

在 52mL 95％乙醇和 44mL 四氯乙烷的三角烧瓶中，慢慢加入 0.6g 氯化美蓝（methylene blue chloride），旋摇三角烧瓶，使其溶解。放 5～10℃下，12～24h，然后加入 4mL 冰醋酸。用质量好的滤纸过滤。贮存于清洁的密闭容器内。

十一、姬姆萨（Giemsa）染液

姬姆萨染料	0.5g
甘油	33mL
甲醇	33mL

将姬姆萨染料研细，然后边加入甘油边继续研磨，最后加入甲醇混匀，放 56℃ 1～24h 后，即为姬姆萨贮存液。临用前在 1mL 姬姆萨贮存液中加入 pH＝7.2 的磷酸缓冲液 20mL，配成使用液。

十二、Jenner（May-Grunwald）染液

0.25g Jenner 染料经研细后加甲醇 100mL。

附录Ⅱ 培养基的配制

一、牛肉膏蛋白胨培养基（培养细菌用）

牛肉膏	3g
蛋白胨	10g
NaCl	5g
琼脂	15～20g
水	1000mL
pH 值	7.0～7.2

二、高氏（Gause）1 号培养基（培养放线菌用）

可溶性淀粉	20g
KNO_3	1g
NaCl	0.5g
K_2HPO_4	0.5g
$MgSO_4$	0.5g
$FeSO_4$	0.01g
琼脂	20g
水	1000mL
pH 值	7.2～7.4

配制时，先用少量冷水，将淀粉调成糊状，倒入煮沸的水中，在火上加热，边搅拌边加如其他成分，熔化后，补足水分至 1000mL。121℃灭菌 20min。

三、查氏（Czapek）培养基（培养霉菌用）

$NaNO_3$	2g
K_2HPO_4	1g
KCl	0.05g
$MgSO_4$	0.05g
$FeSO_4$	0.01g
蔗糖	30g
琼脂	15～20g
水	1000mL
pH 值	自然

121℃灭菌 20min。

四、马丁氏（Martin）琼脂培养基（分离真菌用）

葡萄糖	10g
蛋白胨	5g
KH_2PO_4	1g
$MgSO_4 \cdot 7H_2O$	0.5g

1/3000 孟加拉红（rose bengal，玫瑰红水溶液）　　　　　　　　　100mL
琼脂　　　　　　　　　　　　　　　　　　　　　　　　　　　　15～20g
pH 值　　　　　　　　　　　　　　　　　　　　　　　　　　　　自然
蒸馏水　　　　　　　　　　　　　　　　　　　　　　　　　　　800mL
112℃灭菌 30min。

临用前加入 0.03％链霉稀释液 100mL，使每毫升培养基中含链霉素 30μg。

五、马铃薯培养基（简称 PDA）（培养真菌用）
马铃薯　　　　　　　　　　　　　　　　　　　　　　　　　　　200g
蔗糖（或葡萄糖）　　　　　　　　　　　　　　　　　　　　　　20g
琼脂　　　　　　　　　　　　　　　　　　　　　　　　　　　　15～20g
水　　　　　　　　　　　　　　　　　　　　　　　　　　　　　1000mL
pH 值　　　　　　　　　　　　　　　　　　　　　　　　　　　　自然

马铃薯去皮，切成块煮沸 30min，然后用纱布过滤，再加糖及琼脂，熔化后补足水至 1000mL。121℃灭菌 30min。

六、麦芽汁琼脂培养基
① 取大麦或小麦若干，用水洗净，浸水 6～12h，至 15℃阴暗处发芽，上盖纱布一块，每日早、中、晚淋水一次，麦根伸长至麦粒的两倍，即停止发芽，摊开晒干或烘干，贮存备用。

② 将干麦芽磨碎，一份麦芽加四份水，在 65℃水浴锅中熔化 3～4h，糖化程度可用碘滴定之。

③ 将糖化液用 4～6 层纱布过滤，滤液如浑浊不清，可用鸡蛋白澄清，方法是将一个鸡蛋白加水约 20mL，调匀之生泡沫时为止，然后倒在糖化液中搅拌煮沸后在过滤。

④ 将滤液稀释到 5～6 波美度，pH 值约 6.4，加入 2％琼脂即成。121℃灭菌 20min。

七、无氮培养基（自生固氮菌、钾细菌）
甘露醇（或葡萄糖）　　　　　　　　　　　　　　　　　　　　　10g
KH_2PO_4　　　　　　　　　　　　　　　　　　　　　　　　　0.2g
$MgSO_4 \cdot 7H_2O$　　　　　　　　　　　　　　　　　　　　0.2g
NaCl　　　　　　　　　　　　　　　　　　　　　　　　　　　　0.2g
$CaSO_4 \cdot 2H_2O$　　　　　　　　　　　　　　　　　　　　0.2g
$CaCO_3$　　　　　　　　　　　　　　　　　　　　　　　　　　5g
蒸馏水　　　　　　　　　　　　　　　　　　　　　　　　　　　1000mL
pH 值　　　　　　　　　　　　　　　　　　　　　　　　　　　　7.0～7.2
113℃灭菌 30min。

八、半固体肉膏蛋白胨培养基
牛肉膏蛋白胨液体培养基　　　　　　　　　　　　　　　　　　　100mL
琼脂　　　　　　　　　　　　　　　　　　　　　　　　　　　　0.35～0.4g
pH 值　　　　　　　　　　　　　　　　　　　　　　　　　　　　7.6
121℃灭菌 30min。

九、合成培养基

$(NH_4)_3PO_4$	1g
KCl	0.2g
$MgSO_4 \cdot 7H_2O$	0.2g
豆芽汁	10mL
琼脂	20g
蒸馏水	1000mL
pH 值	7.0

加 12mL 0.04％的溴甲酚紫（pH 值范围为 5.2～6.8，颜色由黄变紫，作指示剂）。121℃灭菌 20min。

十、豆芽汁蔗糖（或葡萄糖）培养基（适用于霉菌、酵母菌）

黄豆芽	100g
蔗糖（或葡萄糖）	50g
水	1000mL
pH 值	自然

称新鲜豆芽 100g，放入烧杯，加水 1000mL，煮沸 30min，用纱布过滤。用水补足原量，再加入蔗糖（或葡萄糖）50g，煮沸熔化。121℃灭菌 20min。

十一、油脂培养基

蛋白胨	10g
牛肉膏	5g
NaCl	5g
香油或花生油	10g
1.6％中性红水溶液	1mL
琼脂	15～20g
蒸馏水	1000mL
pH 值	7.2

121℃灭菌 20min。

注：①不能使用变质油。②油和琼脂及水先加热。③调好 pH 值后，再加入中性红。④分装时，不断搅拌，使油均匀分布于培养基中。

十二、淀粉培养基（淀粉水解试验用）

蛋白胨	10g
NaCl	5g
牛肉膏	5g
可溶性淀粉	2g
蒸馏水	1000mL
琼脂	15～20g

121℃灭菌 20min。

十三、明胶培养基（明胶液化试验用）

牛肉膏蛋白胨	100mL
明胶	12~18g
pH 值	7.2~7.4

在水浴锅中将上述成分熔化，不断搅拌。熔化后调 pH 值为 7.2~7.4。121℃灭菌 30min。

十四、蛋白胨水培养基（吲哚试验用）

蛋白胨	10g
NaCl	5g
蒸馏水	1000mL
pH 值	7.6

121℃灭菌 20min。

十五、糖发酵培养基

蛋白胨水培养基	1000mL
1.6%溴甲酚紫乙醇溶液	1~2mL
pH 值	7.6

另配 20%糖溶液（葡萄糖、乳糖、蔗糖等）各 10mL。

制法：

① 将上述含指示剂的蛋白胨水培养基（pH＝7.6）分装于试管中，在每管内放一倒置的小玻璃管（Durham tube），使充满培养液。

② 将已分装好的蛋白胨水培养基和 20%的各种糖溶液分别灭菌，蛋白胨水培养基121℃灭菌 20min；糖溶液 112℃灭菌 30min。

③ 灭菌后，每管以无菌操作分别加入 20%的无菌糖溶液 0.5mL（按每 10mL 培养基中加入 20%的糖液 0.5%，则成 1%的浓度）。

十六、葡萄糖蛋白胨水培养基（V.P 及 M.R 试验用）

蛋白胨	5g
葡萄糖	5g
K_2HOP_4	2g
蒸馏水	1000mL

将上述各成分溶于 1000mL 水中，调 pH 值为 7.0~7.2，过滤。分装试管，每管10mL。112℃灭菌 30min。

十七、麦式（Meclary）琼脂（酵母菌）

葡萄糖	1g
KCl	1.8g
酵母浸膏	2.5g
醋酸钠	8.2g
琼脂	15~20g
蒸馏水	1000mL

113℃灭菌 20min。

十八、柠檬酸盐培养基（柠檬酸盐利用试验用）

$NH_4H_2PO_4$	1g
K_2HPO_4	1g
KCl	5g
$MgSO_4$	0.2g
柠檬酸钠	2g
琼脂	15～20g
蒸馏水	1000mL
1％溴香草酚蓝乙醇溶液	10mL

将上述各成分加热溶解后，调 pH 值为 6.8，然后加入指示剂，摇匀，用脱脂棉过滤。制成后为黄绿色，分装试管，121℃灭菌 20min 后制成斜面。注意配制时控制好 pH 值，不要过碱，以黄绿色为基准。

十九、醋酸铅培养基

pH＝7.4 的牛肉膏蛋白胨琼脂	100mL
硫代硫酸钠	0.25g
10％醋酸铅水溶液	1mL

将牛肉膏蛋白胨琼脂培养基 100mL 加热溶解，待冷至 60℃时加入硫代硫酸钠 0.25g；调 pH 值为 7.2，分装与三角瓶中，115℃灭菌 15min。取出后待冷至 55～60℃，加入 10％醋酸铅水溶液（无菌的）1mL，混匀后倒入灭菌试管或平板中。

二十、血琼脂培养基

pH＝7.6 的牛肉膏蛋白胨琼脂	100mL
脱纤维羊血（或兔血）	10mL

将牛肉膏蛋白胨琼脂加热熔化，待冷至 50℃时，加入无菌脱纤维羊血（或兔血）摇匀后倒平板或制成斜面。37℃过夜检查无菌生长即可使用。

二十一、玉米粉蔗糖培养基

玉米粉	60g
KH_2PO_4	3g
维生素 B1	100mg
蔗糖	10g
$MgSO_4 \cdot 7H_2O$	1.5g
水	1000mL

121℃灭菌 30min，维生素 B1 单独灭菌 15min 后另加。

二十二、酵母膏麦芽汁琼脂

麦芽粉	3g
酵母浸膏	0.1g
水	1000mL

121℃灭菌 20min。

二十三、玉米粉综合培养基

玉米粉	5g

KH$_2$PO$_4$	0.3g
酵母浸膏	0.3g
葡萄糖	1g
MgSO$_4$·7H$_2$O	0.15g
水	1000mL

121℃灭菌 30min。

二十四、棉籽壳培养基

棉籽壳 50%、石灰粉 1%、过磷酸钙 1%、水 65%~70%，按比例称好料，充分拌均匀后装瓶，较薄地平摊盘上。

二十五、复红亚硫酸钠培养基（远藤氏培养基）

蛋白胨	10g
乳糖	10g
K$_2$HPO$_4$	3.5g
琼脂	20~30g
蒸馏水	1000mL
无水亚硫酸钠	5g 左右
5%碱性复红乙醇溶液	20mL

先将琼脂加入 900mL 蒸馏水中，加热溶解，再加入磷酸氢二钾及蛋白胨，使溶解，补足蒸馏水至 1000mL，调 pH 值至 7.2~7.4。加入乳糖，溶解后，115℃灭菌 20min。称取亚硫酸钠置一无菌空试管中，加入无菌水少许使溶解，再在水浴中煮沸 10min 后，立刻滴加于 20mL 5%碱性复红乙醇溶液中，直至深红色褪成淡粉红为止。将此亚硫酸钠与碱性复红的混合液全部加至上述已灭菌的并仍保持熔化状态的培养基中，充分混匀，倒平板，放冰箱备用。贮存时间不宜超过 2 周。

二十六、伊红美蓝培养基（EMB 培养基）

蛋白胨水琼脂培养基	100mL
20%乳糖溶液	2mL
2%伊红水溶液	2mL
0.5%美蓝水溶液	1mL

将已灭菌的蛋白胨水琼脂培养基（pH＝7.6）加热熔化，冷却至 60℃左右时，再把已灭菌的乳糖溶液、伊红水溶液及美蓝水溶液按上述量以无菌操作加入。摇匀后，立即倒平板。乳糖在高温灭菌时易被破坏，必须严格控制灭菌温度，115℃灭菌 20min。

二十七、乳糖蛋白胨培养液（"水的细菌学检查"用）

蛋白胨	10g
牛肉膏	3g
乳糖	5g
NaCl	5g
1.6%溴甲酚紫乙醇溶液	1mL
蒸馏水	1000mL

将蛋白胨、牛肉膏、乳糖及 NaCl 加热溶解于 1000mL 蒸馏水中，调 pH 值为 7.2~

7.4。加入 1.6％溴甲酚紫乙醇溶液 1mL，充分混匀，分装于有小导管的试管中。115℃灭菌 20min。

二十八、石蕊牛奶培养基

牛奶粉	100g
石蕊	0.075g
水	1000mL
pH 值	6.8

121℃灭菌 15min。

二十九、LB（Luria-Bertani）培养基

蛋白胨	10g
酵母膏	5g
NaCl	10g
蒸馏水	1000mL
pH 值	7.0

121℃灭菌 20min。

三十、基本培养基

K_2HPO_4	10.5g
KH_2PO_4	4.5g
$(NH_4)_2SO_4$	1g
柠檬酸钠·$2H_2O$	0.5g
蒸馏水	1000mL

121℃灭菌 20min。

需要时灭菌后加入：

糖（20％）	10mL
维生素 B1（硫胺素）（1％）	0.5mL
$MgSO_4$·$7H_2O$（20％）	1mL
链霉素（50mg/mL）4mL，终浓度 $200\mu g/mL$	
氨基酸（10mg/mL）4mL，终浓度 $40\mu g/mL$	
pH 值	自然

三十一、庖肉培养基

① 取已去肌膜、脂肪的牛肉 500g，切成小方块，置 1000mL 蒸馏水中，以弱火煮 1h，用纱布过滤，挤干肉汁，将肉汁保留备用。将肉渣用绞肉机绞碎，或用刀切成细粒。

② 将保留的肉汁加蒸馏水，使总体积为 2000mL，加入蛋白胨 20g、葡萄糖 2g、氯化钠 5g、机绞碎的肉渣，置烧瓶摇匀，加热使蛋白胨熔化。

③ 取上层溶液测量 pH 值，并调整其达到 8.0，在烧瓶壁上用记号笔标示瓶内液体高度，121℃灭菌 15min 后补足蒸发的水分，重新调整 pH 值为 8.0，再煮沸 10～20min，补足水量后调整 pH 值为 7.4。

三十二、硝酸盐培养基（硝酸盐还原试验用）

肉汤蛋白胨培养基	1000mL

KNO$_3$ 1g

pH 值   7.0～7.4

制法：将上述成分加热溶解，调 pH 值为 7.6 过滤，分装试管。0.103MPa 灭菌 20min。

三十三、H$_2$S 试验用培养基

蛋白胨   20g

NaCl   5g

柠檬酸铁铵   0.5g

Na$_2$S$_2$O$_3$ 0.5g

琼脂   15～20g

蒸馏水   1000mL

pH 值   7.2

制法：先将琼脂、蛋白胨熔化，冷却到 60℃ 加入其他成分，分装试管。0.055MPa，灭菌 15min 备用。

三十四、丁酸菌培养基（用于厌氧培养基）

蛋白胨   10g

牛肉膏   5g

葡萄糖   30g

NaCl   0.5g

(NH$_4$)$_2$SO$_4$ 1g

FeSO$_4$·7H$_2$O   0.1g

MgSO$_4$·7H$_2$O   0.3g

CaCO$_3$ 30g

蒸馏水   1000mL

pH 值   自然

5.8×10^{4}Pa 灭菌 20min，加 2% 琼脂即载体培养基。

三十五、RCM 培养基［强化梭菌培养基（用于厌氧菌培养）］

酵母膏   3g

牛肉膏   10g

蛋白胨   10g

可溶性淀粉   1g

葡萄糖   5g

半胱氨基酸   0.5g

NaAc   3g

NaCl   3g

蒸馏水   1000mL

pH 值   8.5

刃天青   3mg/L

121℃ 湿热灭菌 30min。

三十六、TYA 培养基（用于厌氧菌培养）

葡萄糖	40g
牛肉膏	2g
酵母膏	2g
胰蛋白胨	6g
醋酸铵	3g
KH_2PO_4	0.5g
$MgSO_4 \cdot 7H_2O$	0.2g
$FeSO_4 \cdot 7H_2O$	0.01g
蒸馏水	1000mL
pH 值	6.5

121℃湿热灭菌 30min。

三十七、玉米粉培养基

玉米粉	65g
自来水	1000mL

混匀，煮 10min 成糊状，pH 值自然，121℃湿热灭菌 30min。

三十八、无碳基础培养基

$(NH_4)_2SO_4$	5g
KH_2PO_4	1g
NaCl	0.1g
$MgSO_4 \cdot 7H_2O$	0.5g
$CaCl_2$	0.1g
酵母膏	0.2g
蒸馏水	1000mL
pH 值	6.5

上述成分再加入 2％水洗琼脂即成固体培养基。于 6.86kPa 压力下灭菌 20min。此培养基适用于测定酵母菌对碳源的利用（加待测碳源 2％）。

三十九、无氮基础培养基

葡萄糖	20g
K_2HPO_4	1g
$MgSO_4 \cdot 7H_2O$	0.5g
酵母膏或 20％豆芽汁	0.5g 或 20mL
水洗琼脂	20g
无氮蒸馏水	1000mL
pH 值	6.5

于 6.86kPa 压力下灭菌 20min。此培养基适用于测定酵母菌对氮源的利用（加被测氮源 0.5％）。

四十、乳糖胆盐发酵培养基（大肠菌群检验）

蛋白胨	20g

乳糖	10g
猪胆盐	5g
0.04％溴甲酚紫水溶液	25mL
蒸馏水	1000mL
pH 值	7.4

将蛋白胨、乳糖、猪胆盐加热溶解于1000mL 蒸馏水中，调 pH 值至7.2～7.4，加入 0.04％溴甲酚紫 25mL，充分混匀，分装于有小导管的试管中。115℃灭菌 20min。

① MRS 培养基

蛋白胨 10.0g，牛肉粉 5.0g，酵母粉 4.0g，葡萄糖 20.0g，吐温-80 1.0mL，磷酸氢二钾 2.0g，乙酸钠 5.0g，柠檬酸三铵 2.0g，硫酸镁 0.2g，硫酸锰 0.05g，琼脂粉 15.0g，加蒸馏水 1000mL，pH＝6.0±0.2。

制法：将琼脂粉加入约 1000mL 蒸馏水中，加热溶解，加入上述其他成分，校正 pH 值至 6.0±0.2，分装后 121℃高压灭菌 15min。

② MC 培养基

大豆蛋白胨 5.0g，牛肉粉 3.0g，酵母粉 3.0g，葡萄糖 20.0g，乳糖 20.0g，碳酸钙 10.0g，琼脂 15.0g，蒸馏水 1000mL，1％中性红溶液 5.0mL，pH＝6.0±0.2。

制法：将琼脂粉加入约 1000mL 蒸馏水中，加热溶解，加入上述其他成分，校正 pH 值至 6.0±0.2，加入中性红溶液。分装后 121℃高压灭菌 15～20min。

附录Ⅲ　试剂和溶液的配制

一、3%酸性乙醇溶液

浓盐酸	3mL
95%乙醇	97mL

二、中性红指示剂

中性红	0.04g
95%乙醇	28mL
蒸馏水	72mL

中性红 pH 值 6.8～8，颜色由红变黄，常用浓度为 0.04%。

三、淀粉水解试验用碘液（卢格氏碘液）

碘片	1g
碘化钾	2g
蒸馏水	300mL

先将碘化钾溶解在少量水中，再将碘片溶解在碘化钾溶液中，待碘全溶后，加足量水即可。

四、溴甲酚紫指示剂

溴甲酚紫	0.04g
0.01mol/L NaOH	7.4mL
蒸馏水	92.6mL

溴甲酚紫 pH 值 5.2～6.8，颜色由黄变紫，常用浓度为 0.04%。

五、溴麝香草酚蓝指示剂

溴麝香草酚蓝	0.04g
0.01mol/L NaOH	6.4mL
蒸馏水	93.6mL

溴麝香草酚蓝 pH 值 6.0～7.6，颜色由黄变蓝，常用浓度为 0.04%。

六、甲基红试剂

甲基红（Methyl red）	0.04g
95%乙醇	60mL
蒸馏水	40mL

先将甲基红溶于 95%乙醇中然后加入蒸馏水即可。

七、V. P. 试剂

① 5%α-萘酚无水乙醇溶液

α-萘酚	5g
无水乙醇	100mL

② 40%KOH 溶液

KOH	40g

| 蒸馏水 | 100mL |

八、吲哚试剂

对二甲基氨基苯甲酸	2g
95％乙醇	190mL
浓盐酸	40mL

九、格里斯氏（griess）试剂

A 液：对氨基苯磺酸	0.5g
10％稀盐酸	150mL
B 液：α-萘胺	0.1g
蒸馏水	20mL
10％稀盐酸	150mL

十、二苯胺试剂

对苯胺 0.5g 溶于 100mL 浓硫酸中，用 20mL 蒸馏水稀释。

十一、阿氏（Alsever）血液保存液

柠檬酸三钠·$2H_2O$	8g
柠檬酸	0.5g
无水葡萄糖	18.7g
NaCl	4.2g
蒸馏水	1000mL

将各成分溶于蒸馏水后，用滤纸过滤，分装，115℃灭菌 20min，冰箱保存备用。

十二、肝素溶液

用生理盐水将肝素分别稀释成 25 单位/mL 和 200 单位/mL，配好后，115℃高压灭菌 10min，置 4℃下备用，大约 12.5 单位肝素可抗凝 1mL 全血。

十三、pH＝8.5，离子强度 0.075mol/L 巴比妥缓冲液

巴比妥	2.76g
巴比妥钠	15.45g
蒸馏水	1000mL

十四、1%离子琼脂

琼脂粉	1g
巴比妥缓冲液	50mL
蒸馏水	50mL
1％柳硫汞	1 滴

将琼脂粉 1g 先加至 50mL 蒸馏水中，于沸水浴中加热溶解，然后加入 50mL 巴比妥缓冲液，再滴加一滴 1％硫柳汞溶液防腐，分装试管内，放冰箱中备用。

十五、质粒制备、转化和染色体 DNA 提取溶液的配制

1. 1mol/L Tris-HCl

| Tris 碱 | 12.11g |
| 水 | 100mL |

用浓盐酸调节 pH 至 8.0，高压灭菌 10min，冷却后 4℃保存。

2. 0.5mol/L EDTA

EDTA	9.305g
水	50mL

用 NaOH 固体调节 pH 至 8.0，高压灭菌 10min，冷却后 4℃保存。

3. 10％ SDS

10g SDS 溶于 100mL 灭菌双蒸水中，68℃助溶，用浓盐酸调节 pH 至 7.2。

4. 溶液Ⅰ（get 缓冲液）

20％葡萄糖溶液	45mL
1mol/L Tris-HCl	25mL
EDTA	20mL
dH$_2$O	910mL

混合装瓶，高压灭菌 10min，冷却后 4℃保存。

5. 溶液Ⅱ（1％ SDS 现配现用）

0.4mol/L NaOH	10mL
10％ SDS	10mL

定容至 100mL，充分混匀，室温保存。

6. 溶液Ⅲ（3mol/L NaAc 溶液）

NaAc·3H$_2$O	20.405g
水	50mL

用冰乙酸调节 pH 至 5.2，高压灭菌 10min，冷却后 4℃保存。

7. 1×TE 缓冲液

1mol/L Tris-HCl（pH＝8.0）	500μL
0.5mol/L EDTA（pH＝8.0）	100μL

加水定容至 50mL，121℃灭菌 15min，4℃贮存。

8. TAE 电泳缓冲液

Tris 碱	242g
冰醋酸	57.1mL
0.5mol/L EDTA（pH＝8.0）	100mL

加水定容至 1L，室温保存备用，使用时用双蒸馏水稀释 50 倍。

9. 凝胶加样缓冲液

溴酚蓝	0.25g
蔗糖	40g

加水定容至 100mL，4℃贮存。

10. 1mg/mL 溴化乙锭

溴化乙锭	100mg
双蒸水	100mL

溴化乙锭是强锈变剂，配制时要戴手套，一般由教师配好，盛于棕色瓶中，避光贮存 4℃。

11. 5mol/L NaCl

在 800mL 水中溶解 292.2gNaCl 加水定容到 1L，分装后高压灭菌。

12. CTAB/NaCl

溶解 4.1gNaCl 于 80mL 水中，缓慢加入 10g CTAB，同时加热搅拌，如果需要，可加热到 65℃ 使其溶解，最终定容至 100mL。

13. 蛋白酶 K（20mg/mL）

将蛋白酶 K 溶于无菌双蒸水或 5mmol/L EDTA、0.5％SDS 缓冲液中。

14. 1mol/L CaCl$_2$

在 200mL 双蒸水中溶解 54gCaCl$_2$·6H$_2$O，用 0.22μm 滤膜过滤除菌，分装成 10mL 小份，贮存于－20℃。

制备感受态时，取一小份解冻，并用双蒸水稀释至 100mL，用 45μm 的滤膜除菌，然后骤降至 0℃。

十六、Hanks 溶液

以下化学药品均要求化学纯

1. 母液甲

① NaCl	160g
KCl	4g
MgCl$_2$·6H$_2$O	2g
MgSO$_4$·7H$_2$0	2g

加 800mL 蒸馏水。

② CaCl$_2$	2.8g

溶于 100mL 双蒸水中。

①和②混合，加蒸馏水到 1000mL，加氯仿 2mL，4℃保存。

2. 母液乙

NaHPO$_4$·12H$_2$O	3.04g
KH$_2$PO$_4$	1.2g
葡萄糖	20g
0.4％酚红溶液	100mL

加双蒸馏水至 1000mL，加氯仿 2mL，4℃下保存，或 115℃10min 高压灭菌。

3. 使用液

取甲乙液各 100mL 混合，加双蒸馏水 1800mL，分装小瓶，115℃灭菌 10min，4℃下保存备用。

十七、其他细胞悬液的配制

1. 1％鸡红细胞悬液

取鸡翼下静脉血，注入含灭菌阿氏液玻璃瓶内，使血与阿氏的比例为 1:5，放冰箱中保存 2～4 周，临用前取适量鸡血，用无菌生理盐水洗涤，离心，清出生理盐水，如此反复洗涤三次，最后一次离心使成积压红细胞，然后用生理盐水配成 1％，供吞噬实验室用。

2. 白色葡萄球菌菌液

白色葡萄球菌接种于肉汤培养基中，37℃温箱培养 12h 左右，置水浴中加热 100℃，10min 杀死细菌，用无菌生理盐水配置成每毫升含 6 亿个细胞，分装于小瓶中，置冰箱保存备用。

附录Ⅵ　洗涤液的配制与使用

（1）洗涤液的配制

洗涤液分浓溶液与稀溶液两种，配方如下：

浓溶液	重铬酸钠或重铬酸钾（工业用）	50g
	自来水	50mL
	浓硫酸（工业用）	800mL
稀溶液	重铬酸钠或重铬酸钾（工业用）	50g
	自来水	850mL
	浓硫酸（工业用）	100mL

配法都是将重铬酸钠或重铬酸钾先溶解于自来水中，可慢慢加温，使溶解，冷却后徐徐加入浓硫酸，边加边搅动。

配好后的洗涤液应是棕红色或橘红色，贮存于有盖容器内。

（2）原理

重铬酸钠或重铬酸钾与硫酸作用后形成铬酸（chronic acid）。铬酸的氧化能力极强，因而此液具有极强的去污作用。

（3）使用注意事项

① 洗涤液中的硫酸具有强腐蚀作用，玻璃器板浸泡时间太长，会使玻璃变质，因此切忌忘记将器板取出冲洗。其次，洗涤液若沾污衣服和皮肤应立即用水洗，再用苏打水或氨液洗。如果溅到桌椅上，应立即用水洗去或湿布抹去。

② 玻璃器板投入前，应该尽量干燥，避免洗涤液稀释。

③ 此液的使用仅限于玻璃和瓷质器板，不适于金属和塑料器板。

④ 有大量有机质的器板应先行擦洗，然后再用洗涤液。这是因为有机质过多，会加快洗涤液失效。此外，洗涤液虽然为很强的去污剂，但也不是所有的污迹都可以清除。

⑤ 盛洗涤液的容器应始终加盖，以防氧化变质。

⑥ 洗涤液可反复使用，但当其变为墨绿色时即已失效，不能再用。

参 考 文 献

[1] 沈萍，陈向东．微生物学实验．第 4 版．北京：高等教育出版社，2007.

[2] 周德庆，徐德强．微生物学实验教程．第 3 版．北京：高等教育出版社，2013.

[3] 黄秀梨，辛明秀．微生物学实验指导．第 2 版．北京：高等教育出版社，2008.

[4] 咸洪泉，郭立忠．微生物学实验教程．北京：高等教育出版社，2010.

[5] 钱存柔，黄仪秀．微生物学实验教程．北京：北京大学出版社，1999.

[6] 赵斌，何绍江．微生物学实验．北京：科学出版社，2002.

[7] 张美玲，贾彩凤．微生物学实验简明教程．上海：华东师范大学出版社，2015.